数学の視界
改訂版

志賀弘典 著

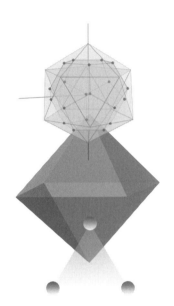

数学書房

まえがき

　本書は 2008 年に出版された『数学の視界』の改訂版であるが，全体の趣旨は共通なので，その序文から，以下抜粋する.

　この本は，数学を一つの全体知として学ぶための書である．さまざまなトピックを扱い，数学が現実の世界にどうつながっているかを述べているが，個々の論題は，それらが集まって総体として何を語っているのかという点に重要性がある.

　数学の歴史にもそれなりの関心を払ったが，過去の出来事を学ぶための歴史ではなく，今日の数学にどのようにつながっているのか，また，その時代の数学は当時の世界観や宇宙観にどのように影響され，どう影響を与えたのか？　そして，全体として数学はどのような道筋を進んで今日に至っているのか？　そのような意識を持って，歴史上の数学を論じた.

　昨今では，一貫した構想を追求して講義をしたり，またそのようなスタンスで一つの学問を学ぶということは，あまりはやらない．人の知力が低下してすべての学習がリテラシーと化し，部分と総体とが同時に意識されながら(つまり哲学しつつ) 学ぶ習慣がなくなったのである．筆者としても，数学の思想性にこだわるつもりはないが，考える学問としての数学の性格だけは保ち，事実の提示によって数学の姿を描くことができるような主題を追求することを心がけた.

　「視界」という言葉に，いまだ行方が定まらない，数学という学問の将来的な姿への希望と不安を表したつもりである.

　原則として高校での一通りの数学の素養があれば読めるように記述を心がけたが，幾つかの章では，かなり高度な概念構成や論理展開が用いられている．全体が同じ水準で書かれている訳ではなく，食べ易いところもあるし，歯が立たないむずかしさの部分もある．数学という奥行きの深い学問であればそれは当然なので，読者は，分かりにくいところに出会ったら一旦とばして，

分かるところの理解をつなげ，分かる部分をすこしずつ拡大する努力をして読んでほしい．

なお，本文中，垣根 †††…††† で上下を囲んだ部分があるが，これは，数学的内容がやや高度であり，この垣根の中を飛ばして読んでも差し支えのないことを示している．

[数学の視界　改版のための付記]

17 世紀に活躍した数学者パスカルは，哲学的著作『パンセ』でも名高い．その断章 347 に次の文章がある．

「人間はひとくきの葦にすぎない．自然の中で最も弱いものである．だが，それは考える葦である．彼をおしつぶすために，宇宙全体が武装するには及ばない．蒸気や一滴の水で も彼を殺すのに十分である．だが，たとい宇宙が彼をおしつぶしても，人間は彼を殺すものよりも尊いだろう．なぜなら，彼は自分が死ぬことと，宇宙の自分に対する優勢を知っているからである．宇宙はなにも知らない．だから，われわれの尊厳のすべては，考えることのなかにある．」

パスカル，『パンセ』，前田陽一，由木康 [訳]，中公クラシックス，より．

時代とともに，人間は "考える" という行為からますます遠ざかっているように見える．かつて，私が千葉大学に現役在職していた助教授時代には，大学の門の前に「パンセ」という喫茶店があり，そこで学生が談話している風景が見られた．現役を退いて，仕事場として提供されている研究スペースに断続的に通う現在，ふと気づくと，昔の喫茶店の場所は早食いラーメン屋に変身していた．だが，このパスカルの言葉の価値は今も変わらない．

数学書房編集部から幸いにも，本書改版出版の提案を頂いた．改版の意図，実際の変更点，旧版との整合性に関しての注意をここに列挙しておきたい．

1) 改版に当たって最も配慮したのは，上で述べた旧版の執筆方針を残しながら，全体の内容の簡素化と軽量化を図ることであった．

2) 1) は結果的に，内容の削減という作業を含むが，同時に筆者は以下 2 つの新しい観点も付け加えた．

その第一は，既存の章で紹介したデカルトの 4 円定理について，複素解析

を用いる証明を紹介しながら，デカルトと，和算の発展との対比的考察を行ったこと．

その第二は，アンドレ・ヴェイユが (1974 年に) 指摘していることであるが，フェルマーによる，$X^4 + Y^2 = V^4$ が自然数の解を持たないことの，彼の "無限降下法" を用いた証明 (17 世紀) と，ファニャーノによるレミニスケート曲線の等分公式（18 世紀）が，同じ背景から説明されることを計算を明示して解説し，さらに，既存の章で述べた，ユークリッド - テアイテートスの定理を介して，合同数問題との関連が現れることを述べた点である．

3) 旧版に論じられていた幾つかの章は今回削除されたが，これらもそれぞれの固有の存在価値のある内容である．削除された各章は，誤植等を訂正し，問題解答をつけて，数学書房の HP 上に残していただくこととした．削除された章を列挙すると，●) 鏡映を用いて高次元正多面体を決定する，●) 魔法陣の数理，●) ニュートンの周辺，●) 線形現象としてのピタゴラス和音，●) ギリシャと現代をつなぐ数学の糸，●) 正四面体の不変式環，である．

2017 年 9 月

複素弘幾笛心居士，志賀弘典

目 次

まえがき　　　　　　　　　　　　　　　　　　　　　　　　　　　　i

第 1 章　数学のはじまりはじまり　　　　　　　　　　　　　　**1**

第 2 章　古代の知恵，古代の美 ： ヘレニズム時代の数学　　　**17**

第 3 章　正多面体を決定する．そして正 4 面体を回転する．　　**34**
　3.1　正多面体を決定する . . . . 　34
　3.2　正 4 面体を回転する . . . . 　37

第 4 章　散歩道の秘密とオイラーの等式　　　　　　　　　　　**45**

第 5 章　対称群と置換群，15 ゲームの群論的考察　　　　　　**56**
　5.1　置換群と正 4 面体群 . . . . 　56
　5.2　15 ゲームの群論的考察 . . . . 　60

第 6 章　いつかもとにもどってしまう数学 ： 合同式　　　　　**71**

第 7 章　現代暗号システムと合同式　　　　　　　　　　　　　**80**
　7.1　まえおき . . . . 　80
　7.2　現代暗号系 (RSA 暗号系) と合同式 . . . . 　80
　7.3　現時点 (2008 年) でのコメント . . . . 　88

第 8 章　デカルトとパスカルの世紀 前編　　　　　　　　　　**90**
　8.1　デカルトの数学観 . . . . 　90
　8.2　デカルト=エリザーベト書簡，第 6 信の 3 円問題 . . . . 　91
　8.3　書簡第 8 信，デカルトの 4 円定理 . . . . 　94

第 9 章　デカルトとパスカルの世紀 後編　　　　　　　　　　**99**
　9.1　パスカルの全体知について少々 . . . . 　99

v

9.2	円錐曲線とその幾何学	101
9.3	パスカルの定理の証明	105
9.4	パスカルの定理と現代数学	110

第 10 章　2 進法と山くずしゲーム　**116**

10.1	2 進法で数を表わす	116
10.2	山くずしゲーム	119
10.3	山くずしゲーム必勝法	122

別章 A　高校数学の教科書に潜んでいる循環論法　**123**

A.1	循環論法のトリック	123
A.2	$\sin' x = \cos x$ の証明	126

別章 B　複素一次変換を用いたデカルトの 4 円定理の証明，さらに田上観音堂の算額の問題　**128**

B.1	デカルトの 4 円定理の定式化	128
B.2	複素一次分数変換	129
B.3	デカルトの 4 円定理の別証明	132
B.4	塵劫記など	133
B.5	算額	134
B.6	田上観音堂の算額の問題と一次変換を用いた解法	135
B.7	結語	137

別章 C　フェルマーの無限降下法とレムニスケート等分公式　**138**

C.1	曲線の極座標表示	138
C.2	極座標で表示された曲線	139
C.3	曲線の長さ	141
C.4	レムニスケート曲線とその等分公式	144
C.5	フェルマーの無限降下法と方程式 $X^4 + Y^2 = V^4$ の整数解	147
C.6	合同数の観点から	149

索引　153

第 1 章
数学のはじまりはじまり

今日知られている限り，数学的内容が記録されたもっとも古い時代の文書と考えられるものが 2 つある．1 つは，紀元前 1900 〜 1600 年の古代バビロニアの記録で，粘土板に楔形文字で書かれたピタゴラス数 (後の時代にそうよばれるようになったのだが) が表になったもので，もう 1 つは，紀元前 1650 年頃，古代エジプトにおいて，それ以前の時代に知られていた幾何学および算術の成果を，問題とその解答集の形で記録したパピルスの文書である．

このパピルスは発見者の名前から，一般にリンド・パピルスとよばれ，19 世紀に西欧世界にもたらされた．また，このパピルスには，記録者としてアーメス (Ahmes) という書記の名前が残されている (古代エジプトでは書記というのは地位の高い職業であった)．

これらの古代の記録に残る数学は，本質的には，単なる計算の域を出るものではないが，必ずしも実用のためになされたものではなく，むしろ，知的興味に導かれて調べられた結果が集約されたように見える．

このようなことから，人間は，ほとんど文明がはじまった最初から数や図形に興味を持ちはじめ，数学は文明そのものと同じだけの歴史を持っていることがうかがわれる．

そのような古代の数学の実例を見てみよう．

図 1.1 は古代バビロニアの記録で，そこには

$$x^2 + y^2 = z^2$$

を満たす自然数の組が 15 組与えられている．古代バビロニア人は，系統的

にこのような数を構成する方法を，すでに経験的に知っていた．

図 1.1　古代バビロニア 1900B.C.～1600B.C. の粘土板に残る 15 組のピタゴラス数の表 (Plimpton 322)．

また古代エジプト人は，分数計算の基礎として

$$\frac{2}{n} \quad (n \text{ は奇数})$$

の形の分数を，分子が 1 の分数の和に書き直す表をつくっていた．図 1.2 はリンド・パピルスにあるその数表の一部分で，

$$\frac{2}{59} = \frac{1}{36} + \frac{1}{236} + \frac{1}{531}$$

の計算法が述べられている．

ちなみに，古代エジプトの都テーベで，このパピルスと同時代のものとして発見された文書には，頭部および頚部外傷の 48 の臨床例と，その所見，さらに外科学的治療法を指示したカルテが記録されている．その中には，ある頭蓋部の外傷が眼球の偏位や歩行障害を引き起こすことがすでに述べられており，他の古代社会では一般に，精神は心臓に宿っていると考えられていた

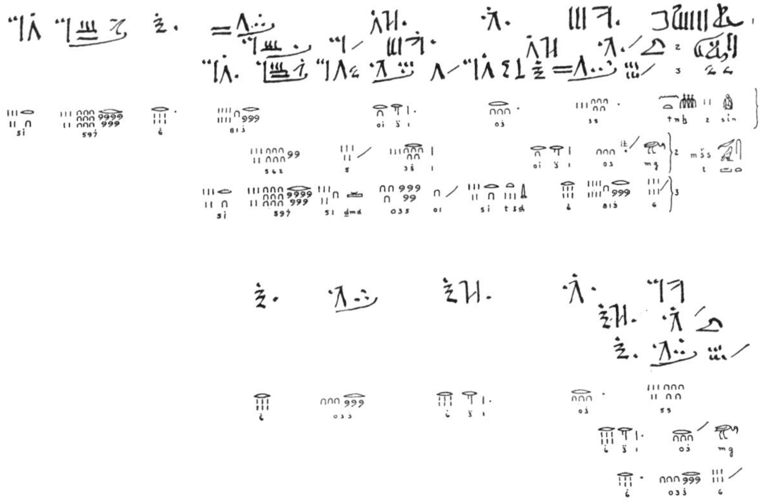

図 1.2 リンド・パピルスにある古代エジプトの分数計算表の一部.
$$\frac{2}{59} = \frac{1}{36} + \frac{1}{236} + \frac{1}{531}$$
(右から読む) (A.R.Chace『リンド数学パピルス』(平田寛監修, 吉成薫訳) 朝倉書店, より)

この時代に (!), 脳が身体の諸機能を統御していることが, 認識されていたことがうかがわれる (文献 [1.2] による). しかし, このように高度の文明を持っていた古代エジプト人は, いまでは地上から姿を消している. 人間は消え去るけれど, 文化は永遠だ.

また, 古代エジプトでは分母の異なる 2 つの分数の和を通分して行う, 今日の演算は行われていなかったと思われる. 古代中国でも同様である. すると, 一般の分数どうしの四則演算というのは, かなり高級というか人工的な考え方だという気がする [1]. 分数計算のできない大学生が大量にいることが,

---

[1] 筆者の勝手な想像では, エジプト式分数計算というのも立派な理屈が立つ. ある 2 地点間の直線距離を測量し単位長さ (たとえば "1 メートル" のような) のひもの何倍かとさらに端数 (α としよう) が出る. すると, 逆に α を基準にして単位長さ 1 を測って, $n\alpha > 1$ となる n が現れる. こうして $\alpha \sim \frac{1}{n}$ という α の単位分数による近似が得られる. この操作の繰り返しによって, 端数 α は測量ひもひとつで手っ取り早く, 好きなだけの精度で, 単位分数の和としての近似が得られるのである.

一時問題になったが，このことは，大学生の知力の低下という面のみでなく，分数の四則という考え方が，人間の文明の中で必ずしも必然性を持って現れているわけではないという一面を表わしているようにも思われる．

　これら古代世界の知恵を受継いで，初期ギリシャ文明は小アジア (イオニア地方，現在はトルコに属する地域) のギリシャ植民都市を起点として発展した．そこでは，イオニア派とよばれる自然哲学者達が，それぞれ，自分達を取り巻く自然界をある原理に従って解釈する世界観をさまざまに提示したのだった．ターレスはそのような自然哲学者の一人であった．

ミレトスのターレス (Thales, 624 B.C.?-546 B.C.?)

　イオニア地方のギリシャ人都市ミレトスに生まれた哲学者で，歴史上最初の数学者といわれる．

　ピラミッドの高さを (地上にできた影の長さを測ることによって) 初めて計算した．さらに

（ⅰ）　2 つの辺とその挟む角が一致する 2 つの 3 角形は合同であること

（ⅱ）　円周上の 1 点と円の直径の両端を結んで直角が得られること

などを発見したと伝えられる．

　なお，古代ミレトスの都市の模型による復元図，現地から運んだ町の城門が現在でもベルリンのペルガモン博物館に展示されており，当時のありさまを知ることができる．

　このターレスを引き継ぐようにして現われたのが，この章のテーマとなるピタゴラスである．

ピタゴラス (Pythagoras, 569 B.C.?-475 B.C. ?)

　(ピタゴラスの生没年には諸説あるようだが，セント・アンドリュース大学数学史ページの記述にしたがった．)

　小アジア近くのサモス島に生れ，ターレスの教えを受ける．後，アジア，エジプトの各地を訪ね，それらの地の学問を学ぶ．

　一旦故郷に帰ったのち，イタリア南部 (この地域は，当時マグナグレキアとよばれ，ギリシャの植民都市がたくさんあり，文化も進んでいた) のクロト

ンで学校を開き，学者を養成し，一方ピタゴラス教団という結社をつくった．

ピタゴラス教団の教義：「万物は数である」

そのシンボル・マーク (下図参照)

ピタゴラス教団のシンボル・マーク (テトラクトゥス Tetractys)

ピタゴラスの世界観においては，この世界のできごとはすべて数の言葉に帰着されると主張された．また学問は，算術とその応用である音楽，幾何学とその応用である天文学，これら 4 つがもっとも重要なものと考えられた．このような学芸に対する考え方は，たとえば 16, 17 世紀のフランスの宮廷においてなお続いていた．また，宇宙は土，水，空気，火の「4 元素」からなるものとされた．この宇宙観は，ギリシャの後の時代の哲学者プラトンに受け継がれ，プラトンを再評価したルネッサンス時代の文化に非常に大きな影響を与えた．この点については，後の章で再び論じよう．

このピタゴラス教団は，教徒が生活する学問所の形をとっていたが，その学問は数学に限ることなく，哲学を中心として国家のありかた，統治の方法なども論じられ，各地の都市国家に派遣される政治顧問を養成する組織でもあった．いずれにしても，ピタゴラスに至って初めて，数学的現象が 1 つの学問の対象として取り上げられ，1 つ 1 つの実例を扱うだけではなく，「定理の形で一般的な主張を述べ，その証明も与える」という論証の学としての手法が確立したのである．

そのような意味で，数学はピタゴラスによって確立されたということができる．

しかも，そのことは，この世界で起きているすべての現象の背後にはある数理的な法則が存在し，個々の現象はその数の世界の法則に支配されている

という信念を基礎としていたことに注目したい．このような考え方は，プラトンに至ってさらに明確になるので，そこで再び論じよう．

ピタゴラス派の数学上の発見

（ⅰ）　奇数と偶数をはじめて区別し，
$$1+3+\cdots+(2n-1)=n^2$$
を証明した．

（ⅱ）　完全数（真の約数すべての和がはじめの数に一致する数．例：$6, 28$）を考察し，自然数を辺とする直角3角形の面積は必ず6の倍数であることを示した．

（ⅲ）　ピタゴラス数（$x^2+y^2=z^2$ となる自然数の組のこと）を無限個構成できることを示した．

（ⅳ）　$\sqrt{2}$ が無理数であることを発見し証明した．

（ⅴ）　3角形の内角の和が2直角になることを証明した．

（ⅵ）　ピタゴラスの定理（3平方の定理）を証明した．

（ⅶ）　黄金比を用いる正5角形の作図法を発見した．

（ⅷ）　ピタゴラスの音階を考案し，森羅万象これ音楽だといった．

黄金比について

長方形から短い辺でつくる正方形を除いて得られる長方形が，もとのものと縦横の比が等しくなるとき，この比 ϕ を黄金比という（図 1.3）．

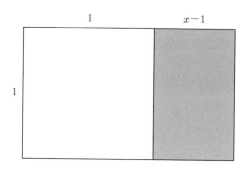

図 1.3

この比は，$x : 1 = 1 : (x-1)$ から得られる簡単な 2 次方程式

$$x^2 - x - 1 = 0$$

の解であるから

$$\phi = \frac{\sqrt{5} + 1}{2}$$

となり，近似値は 1.61803 である．ϕ の逆数

$$\frac{1}{\phi} = \phi - 1 = \frac{\sqrt{5} - 1}{2}$$

は小黄金比とも言われる．

　古代ギリシャ人はこれをもっとも美しい比率であると感じた (信じた)．彼等は建築や人体の彫刻など，彼等が美と考えるものの多くにこの比を適用した．図 1.4 を見よう．これらは，私がギリシャ彫刻の図版からかなり無作為に，時代様式も，つくられた地域も異なる作品を並べたものである．しかし，かかとからへそまでの長さと，全身の長さとの比をとると，いずれも小黄金比にきわめて近い数値になっている．なにより，これらのへその位置がきっちりそろっていることがすぐに分かるだろう．このように，ギリシャ人においては，美しい人体は黄金比をもってつくられているという共通の認識が時代と地域を超えて保たれていたと思われる．さらに，神殿のプランを見てみよう．まず神殿の平面形の縦と横の比が黄金比である．さらに，正面図がぴったり収まる長方形を描いてみると，それが黄金比を持つ長方形となることが分かる．

　このように，古代ギリシャ人は，ある 1 つの特別な数値によって人体と建築構造物とに共通する普遍的な美の法則を想定していたことが明らかとなる．美は普遍であるという世界観は，わたしのような東洋人にとっては，異質であり，また驚異である．われわれ東洋人，とくに日本人にとって，美とは，ある種の偶然をくぐって現われる一度限りのものであり，それほどに存在の危うさを伴っている．芥川龍之介は「ギリシャは東洋の永遠の敵である」と言ったらしい．わたしは，日々数学をしながらこの言葉をたびたび再確認させられている．

　さて，上に挙げたピタゴラス派の数学的主張はどのように証明されていたか，分かるものについて当時の証明法を述べよう．

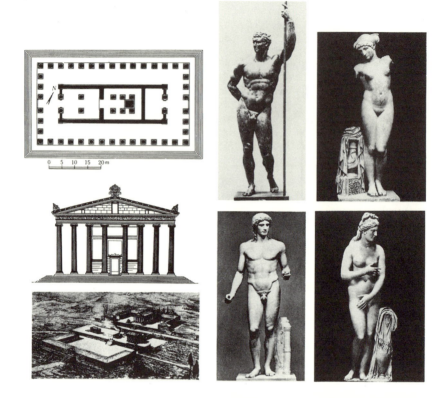

図 1.4　(左上) マグネシアのアルテミス神殿平面図 (C.Humann : Magnesia am Maeander による), (左中) マグネシアのアルテミス神殿復元立面図 (C.M.Havelock : Hellenistic Art による), (左下) コス島アスクレピオスの聖域復元図 (P.Schazmann による), (中上) カッセルのアポロン, 460B.C. 頃 (カッセル美術館所蔵), (中下) ヘレニズムの君主, B.C.2 世紀後半 (ローマ, 国立美術館所蔵), (右上) エスクィリーノのヴィナス, B.C.1 世紀中頃 (ローマ, パラッツォ・ディ・コンセルヴァトーリ所蔵), (右下) カピトリーノのアフロディテ, 150B.C.〜120B.C. 頃 (ローマ, カピトリーノ美術館所蔵) (以上, すべて『大系世界の美術 5 ギリシア美術』学習研究社, より)

(ⅰ) 等式
$$1 + 3 + \cdots + (2n-1) = n^2 \quad (n = 1, 2, 3, \cdots)$$
の証明．

図 1.5 のように，碁石のようなピースを縦横 n 個ずつの正方形の形に並べる．左上から順に小さな正方形の形に枠をつくってゆく．最初の正方形は 1

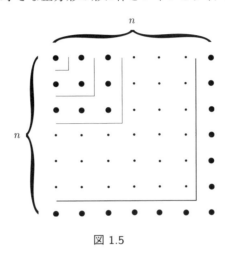

図 1.5

個だけのピースでできている．つぎの正方形は，新たに 3 つのピースを足して得られる．3 番目の正方形は，その枠の内側に並ぶ 5 個のピースをさらに加えてつくられる．このようにして，最後の正方形は，その前にできていたサイズが $n-1$ の正方形に $2n-1$ 個のピースを加えてつくられる．このことから，1 回ずつ加えたピースの総和
$$1 + 3 + 5 + \cdots + (2n-1)$$
はサイズが n の正方形のピースの個数 n^2 に等しくなる．こうして

(*) $\qquad 1 + 3 + 5 + \cdots + (2n-3) + (2n-1) = n^2$

が示された．

(ⅲ) ピタゴラス数 ($x^2 + y^2 = z^2$ となる 3 数) の構成法．

上の公式 (*) において左辺の最後の項が平方数，すなわち k^2 (k は奇数)

の形のとき $n = (k^2+1)/2$ となり，左辺は (i) の等式を $n-1$ の場合に適用することによって

$$\{1+3+\cdots+(2n-3)\}+(2n-1) = (n-1)^2 + (2n-1)$$
$$= \left(\frac{k^2-1}{2}\right)^2 + k^2.$$

一方，右辺は

$$n^2 = \left(\frac{k^2+1}{2}\right)^2$$

ゆえ，結局

$$\left(\frac{k^2-1}{2}\right)^2 + k^2 = \left(\frac{k^2+1}{2}\right)^2$$

という公式が得られ，k に 3 以上の奇数を代入するたびにピタゴラス数がつくられてゆく．たとえば $k=3$ のとき $4^2 + 3^2 = 5^2$ が得られ，$k=5$ のとき $12^2 + 5^2 = 13^2$ などがつぎつぎに得られるのである．

(iv) ピタゴラスの定理の証明．

図 1.6 を見よう．等式

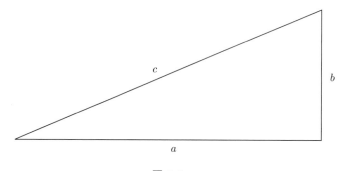

図 1.6

$$(**) \qquad c^2 = a^2 + b^2$$

が成り立つことを証明したい．そこで，図 1.7 のように 1 辺 $a+b$ の同一の正方形を 2 通りに分割する．影をつけたパーツを除いてみると残りの面積ど

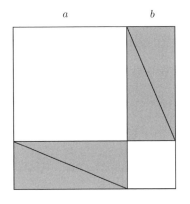 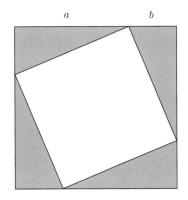

図 1.7

うしは等しい．これは，上の (**) に他ならない！

(viii)　ピタゴラスの音階について．

ピタゴラスは今日の音階の発明者である．彼は，弦楽器の和音が (密度と張力が等しいとして) 弦の長さの比がある整数の比になるときに得られることに気付いた．実際 5 度の和音 (たとえばドソなど) は弦の長さの比が 3 : 2 である．これは振動数でいうと，2 : 3 となる．さらにドファは 3 : 4 で，ドラは 3 : 5 となる．また，1 オクターブ (ドからその上のドまで) は振動数の比が 1 : 2 である．したがって，ピタゴラスにとって，ドファラという和音と各辺の長さの比が 3 : 4 : 5 の直角 3 角形とは同一に考えられていた．

このようにして，宇宙の法則性は数に還元され，さらにその数の法則は和音と結びつく．ピタゴラスにとって世界は無音の天球の音楽に満たされていたのである．

ピタゴラスはこのような考え (すなわち，(1) 1 オクターブ上がると振動数が 2 倍される，(2) 5 度上がると振動数は 3/2 倍される，の 2 原則) に基づいて音階の構成も行った．今日彼に帰せられる「ピタゴラス音階 (Pythagorean tuning)」は以下の方法で作られる．基音 (たとえばド，その振動数を n としておこう) から出発して，5 度上の音すなわち，振動数 $3/2 \times n$ のソの音をつくり，さらにを 3/2 倍して 5 度上の音レを作る．このとき $(3/2)^2 = 9/4$ は 2 を越えるので，このレは第 2 オクターブに入る．これを 1 オクターブ下げ

て (すなわち, その 振動数 $\frac{9}{4}n$ を半分にして) 振動数 $\frac{9}{8}n$ の第一オクターブのレが構成される. この繰り返しで次々に, 前の音の 5 度上の音を構成してゆく. 計算上この操作によって 12 番目に構成される音の振動数は $(3/2)^{12} \cdot n = \frac{531441}{4096} \cdot n = (129.746\cdots) \cdot n$ となるが, これは 7 オクターブ上の基音の振動数 $128n$ に極めて近い. つまり, 近似式

$$\left(\frac{3}{2}\right)^{12} \fallingdotseq 2^7 \qquad (*)$$

が成り立つ. したがって, この両辺の差異に目をつぶることにすれば, 第 1 オクターブ内に 12 の音が構成され, 1 オクターブは 12 の音によって分割され, これらは今日の半音ずつ上がるピアノの鍵盤の 12 の音に対応する. これが, ピタゴラスの音階とよばれるものである. (しかし, 実際には (*) は近似式なので, この原則をどこか修正しないと現実の音階は構成できない)

このようにして, 5 度音程の協和という自然な要請を受け入れると 12 音による音階の構成へと, 必然的に帰結する. 世界には様々な文化圏があり, それぞれの音楽文化を持っている. それらの音楽は何らかの音階構成に基づいているが, 1 オクターブはこの 12 半音の内の幾つかを抜き出して作られている. 1 オクターブが 15 音で作られたりすることはない. 彼らはピタゴラスの音楽理論を学んだ訳ではなく, 経験と伝承によって次第に音階が形成されていったと思われるが, 結果的に, すべてピタゴラスの音階に帰属することになっている. それは, 音の世界が $\left(\frac{3}{2}\right)^{12} \fallingdotseq 2^7$ という数の等式に支配されているからである.

さて, $\left(\frac{3}{2}\right)^{12} \fallingdotseq 2^7$ は近似的に成り立つが, 一致はしない. "1 オクターブは 2 倍音" というのは絶対的な要請であるから, 実際の音階はこのずれをあちこちの音にばらまいてつじつまをあわせて作られる.

このように, 原理的にピタゴラスの考えに基づいた音階として「純正律 (equal temperament)」とよばれる音階がある. それによれば, 1 オクターブを以下のような振動数の比に分割して音階が構成される (Do を 1 とした比で示す).

Do	Re	Mi	Fa	Sol	La	Si	Do
1	9/8	5/4	4/3	3/2	5/3	15/8	2

これを実際に適用して，現在用いられているラ (A の音) の振動数 441/sec をもとにイ長調の音階をつくることができる．しかし，この音階では同じ 2 度の音程ドレとレミでは振動数の比が (それぞれ，9/8 と 10/9 になり) 一致しない．つまり，転調すると (上の例ではイ短調から口短調へ) 音階の聞こえ方が異なってくるのである．このような不均一を解消するために考えだされたのが 18 世紀の (ヨハン・セバスチャン・) バッハによる音階である．バッハの考えは，1 オクターブを 12 の半音に一定の比率 (r としよう) で分割するものであった．この r は，ドとド♯の振動数の比であり，同時にド♯とレの振動数の比でもある．したがってドとレの振動数の比は $1 : r^2$ となる．これを繰り返して 1 オクターブ上がると半音上がりが 12 回繰り返されて $1 : r^{12}$ となり，これが $1 : 2$ なのだから

$$r^{12} = 2$$

となる．実際に r の値を求めると，$r = 2^{1/12} = 1.059463\cdots$ となる ($r^{12} = 2$ の自然対数をとり $\log r = \dfrac{1}{12} \log 2 = (1/12) \cdot 0.693147180559945$ を得る．これによって $r = \exp[0.693147180559945/12]$ を近似計算すれば良い)．このような考えで作られた音階は現在の音楽で普通に用いられており，平均律の音階とよばれる (このように機械的に割り振られた平均律では音階が均一であるが，その半面，どの和音も正確な整数比でなくなり，和音に"うなり"が生じることになる．そこで，実際にピアノ音楽などで用いられる平均率は，"なるべく和声がきれいに聞こえてしかも各種の転調にも耐えられる"という要請にもとづいて調律師さんが微調整をしている)．バッハは 12 音すべてを主音とする長調，短調の計 24 曲からなる『平均律クラヴィア曲集』でこのような音階構成を実用する企てを行った．一方，純正調音階では，この各調性間の均一性は保たれないが，定められた調性内の和音は"うなり"なしに響く．近代以前のルネッサンス後期の楽曲では，激しい転調は用いられず，和声の進行に重要性がおかれていたので，今日これらの曲を演奏する際にはピアノの音律とは異なった純正調に近い音律が用いられている．

14　第 1 章　数学のはじまりはじまり

（実は，このような複雑な手法が生じるのは，（真に分母を持つ）分数 a に対して 2^a がつねに無理数になるという数学的背景によるのだが，音階と無理数の関係にはこれ以上は深入りしない．）

　たとえば，ローマ教皇庁の礼拝堂楽長として活躍した 16 世紀後半における最大の作曲家パレストリーナ (Giovanni Pierluigi da Palestrina 1525? - 1594) の作品では，このようなピタゴラス的な和声が変化しながら進行するのである．

　参考までに，純正調の音階と平均律を較べて表にしてみる．両者に微妙な食い違いが起きていることが分かるであろう．

純正調の音階	機械的平均律
$\mathrm{Do} = n = 441$	441
$\mathrm{Re} = 9n/8 = 496.125$	495.006
$\mathrm{Mi} = 5n/4 = 551.25$	555.625
$\mathrm{Fa} = 4n/3 = 588.00$	588.664
$\mathrm{Sol} = 3n/2 = 661.5$	660.753
$\mathrm{La} = 5n/3 = 735.00$	741.671
$\mathrm{Si} = 15n/8 = 826.875$	832.497

　このように，ピタゴラスおよびピタゴラス派は後世に大きな影響を与える発見を残し，数学の展開の基点であったことが分かった．さらに，このように確立した数学が，ギリシャ世界でどのように成長してゆくのかを次回に考察する．

演習 1

[1]　ピタゴラスの公式

$$1 + 3 + \cdots + (2n - 1) = n^2$$

$n = \dfrac{k^2 + 1}{2}$　$\left(n - 1 = \dfrac{k^2 - 1}{2}, k\ は\ 3\ 以上の奇数\right)$ とおくことによって，ピタゴラス数 (x, y, z); $x^2 + y^2 = z^2$ を 5 組構成せよ．

$$k = \qquad (x,y,z) = (\quad , \quad , \quad)$$
$$k = \qquad (x,y,z) = (\quad , \quad , \quad)$$
$$k = \qquad (x,y,z) = (\quad , \quad , \quad)$$
$$k = \qquad (x,y,z) = (\quad , \quad , \quad)$$
$$k = \qquad (x,y,z) = (\quad , \quad , \quad)$$

[2] 分子が 1 の分数を単位分数という.

(1)
$$\frac{2}{7} = \frac{1}{x} + \frac{1}{y}$$

となる 2 つの異なる自然数 (すなわち正の整数) x, y を見つけよ.

(2) n を奇数とする. $\dfrac{2}{n}$ の形の分数は分母の異なる 2 つの単位分数の和に書けることを示せ.

$\dfrac{4}{n}$ の形の分数を,

$$\frac{4}{n} = \frac{1}{x} + \frac{1}{y} + \frac{1}{z}$$

のように, 異なる 3 つの単位分数の和に書けるだろうか？ (これは, 近代の数学者エルデース (Paul Erdös 1913-1996) がエジプト分数にヒントを得て提起した問題であるが, 今日まだ未解決である. [1.7] 参照).

文献 1

[1.1] バートランド・ラッセル『西洋哲学史 1』(市井三郎訳), みすず書房, 1970.

[1.2] J.P. シャンジュー『ニューロン人間』(新谷昌宏訳), みすず書房, 1989.

[1.3] 彌永昌吉, 伊東俊太郎, 佐藤徹『数学の歴史 I, ギリシャの数学』, 共立出版, 1979.

[1.4] 伊東俊太郎『ギリシア人の数学』, 講談社学術文庫, 1990.

[1.5] 山本光雄訳編『初期ギリシア哲学者断片集』, 岩波書店.『初期ギリシャ哲学者断片集』(山本光雄), 岩波書店, 1958.

16 第 1 章 数学のはじまりはじまり

[1.6] http://www-history.mcs.st-andrews.ac.uk
(セント・アンドリュース大学, 数学史ホームページ).

[1.7] リチャード・ガイ『数論〈未解決問題〉の事典』(金光滋訳), 朝倉書
店, 2010. (R. K. Guy 他, "Unsolved problems in Number theory
3rd edition", Springer-Verlag (2004).

[1.8] Giovanni Pierluigi da Palestrina, "Missa Papa Marcelli", CDG-
IMB400, (compact disc, 演奏：タリス・スコラーズ (1980)).

第 2 章

古代の知恵，古代の美：ヘレニズム時代の数学

　ピタゴラスは，イタリア半島南部のギリシャ植民都市クロトンを中心として，結社を形成し，そこから多くの学者＝政治顧問を養成し，各地に送り出していた．

　彼は，古代バビロニアやエジプトで得られていた数学的な知識を含む学問的知識を吸収，継承しながら，それまでの単なる計算術や測量術から独立して，数学という学問を確立し，さらに，数学的秩序がこの世界を支配しているという世界観にまで達したのであった．その基礎には彼の若い時代の師であったターレスの影響もあったであろう．

　彼はまた，この世界の物質は，空気，水，火，土からなるという，「4 元素説」を唱えた．

　これらの考えは，ピタゴラス派の後継者によって，ギリシャの後の時代に伝えられたのであった．

　古代ギリシャの中心アテネは，443 B.C.-429B.C. のペリクレスによる治政の時代に全盛期を迎え，野外円形劇場 (アレーナ) で演じられるギリシャ悲劇，多くの神殿建築，彫刻などの諸芸術が盛んであった．同時に，アテネには多くの思想家，言論家が現われ，さまざまな哲学的議論が展開された[1]．

　ここで注目すべきことは，単にさまざまな思想が現われたということではなく，ギリシャ人達が自分の思索の力を頼りに，当時の常識からはるかにはずれる仮説を提起し，一人一人の思索家が自分の説を曲げずにその仮説と心

---

　[1]　ラッセルの文献 [1.1]，岩波文庫『ギリシャ哲学者列伝』などを参照．

中していることである．たとえば，ラッセルは「ギリシャ人達は，その理論においても実践においても，中庸の徳に安住することはなかった．ヘラクレイトスは，あらゆるものが変化すると主張し，パルメニデスは何物も変化しないと主張し，ゆずらなかった」と述べている．

そのような意味での，ギリシャ的な人間の典型は「樽の中のディオゲネス」であろう．彼は，富も名声も美食も音楽も，華麗な知識すら価値のないものとみなし，樽の中に暮らして精神と身体の鍛錬を心がけて自由人の一生を送った．歴史家ディオゲネス・ラエルティオス（「樽の中のディオゲネス」とはまったくの別人）の『ギリシャ哲学者列伝』ディオゲネスの章，に彼に関する 61 の逸話が残されている．

その 1 つ．彼はあるとき海賊につかまって奴隷に売られることになった．海賊は，商品価値を上げるために彼の特技は何かと尋ねたが，ディオゲネスは，自分の特技は他人を支配することだ，だれか自分の主人を買おうと言う人間を探して来い，と海賊に命じたという．

他の 1 つ．紀元前 336 年，アレクサンドロス大王がディオゲネスのいるコリントスを訪れた際，この名高い哲学者に会いに行った．大王が見つけたとき，彼はどこか道ばたでひなたぼっこをしていた．アレクサンドロスはなにか私に希望することはないか？　と尋ねると，ディオゲネスはあなたがそこに立っていると日差しが遮られるので，脇にどいてほしいと言った．帰り道でアレクサンドロスは，私がもしアレクサンドロスでなかったならディオゲネスでありたい，と従者に語ったという．

現代の日本ではあらゆる分野で「自らの思想に殉じる」などという人間は見つからなくなってしまい，だれもがその場しのぎの人生を過ごし，バレさえしなければどんな手を使って金を儲けても良いという風潮になってしまった．

古代ギリシャでは，どんなへんてこな思想であれ，提唱者は自分の人生そのものでその思想が正しいか否かを人々に問いかけたのである．

現代では，人生そのものが 1 つの美しい仮説の提唱であるような生き方はありえないのだろうか？

ディオゲネスはプラトンの同時代人で，『ギリシャ哲学者列伝』に，両者が交わした短いが鋭い言葉のやりとりのいくつかが収められている．

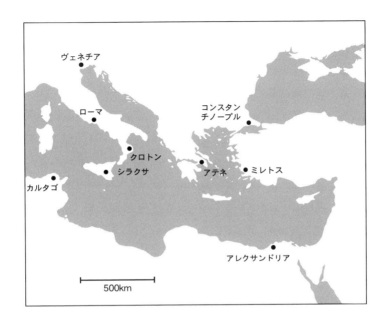

プラトン (Platon, 428 B.C.-348 B.C.)

　プラトンが活躍したのは，ほぼこのアテネ全盛の時代で，彼はピタゴラス派の門人アルキュタスから学問をまなび，ピタゴラスの思想を継承しながら，それを哲学的な理論に作り上げていった．プラトンは，アテネ郊外にアカデメイアという学問所をつくり，多くの弟子を養成しながら，哲学，数学，政治を論じた．その学問所の入口には

　　幾何学を知らざる者入るべからず

と書かれていたという．プラトンによれば，「学問とは，真理の究明であり，現象の本性を捉え，その秩序を究明するためには，感覚を越えた認識力を必要とする．そのような認識力，知力は，幾何学すなわち数学の能力であり，また数学的な知的鍛練によって培われる」ということになる (今日，われわれの社会では，役に立つ知識が声高に唱えられているが，学問とは，真理を追求し，真偽を自らの努力で明確にしていく営為である．そのような真に人間的な行為が，実利的な観点の影に隠れて不当に低く評価されていることは，われわれの社会の精神的レベルが低下していることを示しているのである…

著者の独り言).

プラトンの思想は，今日，『対話篇』という対話体の多くの著作に残されている．彼の哲学の基礎となるのは，「イデア説」とよばれる考え方である．

プラトンのイデア説

3角形の内角の和が2直角であるという主張を，われわれは認めるが，そのときに，議論されている3角形とはどのようなものであろうか？　その3角形とは，われわれが感覚器官を通じて知覚するどのような3角形でもない．その主張で述べられているのは，「3角形それ自体」であり，それを3角形の「イデア」とよぶのである．

このように，幾何学的図形に対して，われわれは「イデア」というものを認識し，それを論じることができる．それと同様に "美しいもの" に対しても「イデア」が自然に想定しうるであろう．

この意味において，およそ学問とよばれるものの対象は，感覚器官によって指し示すことはできるが，真の意味では，この世界に属しているものではなく，さらに高い実在性を持つのだと考えられる．

バーネット『プラトン哲学』(岩波文庫) による．

ここに，われわれはピタゴラスの世界観がさらに徹底されて，「イデア説」として結実しているのを見ることができる．すなわち，プラトンにとっては，この現実の世界はイデアの世界の単なる影にすぎない．学問とは，このイデアの世界の秩序を記述するものである．

このような考えは，その後の西欧の思想 (特に科学) を大きく基礎付けるものとなったのである．われわれは後の回の講義で，このような考えが，現代の一級の数学者によって今なお継承されていることを見ることになる (私も本質的にプラトン主義者である … 著者のつぶやき).

アカデメイアにおいては，プラトンを中心に多くの論客，思想家が集まって哲学の諸問題を論じていた．プラトンの対話篇でも『パイドン』(ここでは "プラトニック" の語源になった，恋愛論が展開されている)，『エウテュプロン』など，それらの論客の名を題名にしたものが多く残っている．この学問

所では数学そのものも論じられたと思われるが，数学の著作は残されていない．彼等にはそれぞれの得意の分野があったらしいが，プラトンの弟子の一人テアイテートスは，特に数学上の発見が著しいといわれている．彼 (テアイテートス) の発見した 2 つの定理を挙げておく．

定理 2.1 (テアイテートス (Theaitetos))　共通因数のないピタゴラス数 (x, y, z) を，原始的ピタゴラス数とよぼう．p, q は 2 つの自然数で，条件
- (i)　$p > q$
- (ii)　p, q は偶奇が異なる
- (iii)　p, q は共通因数を持たない

を満たすものとする．このとき，
$$x = p^2 - q^2, \quad y = 2pq, \quad z = p^2 + q^2$$
は原始的ピタゴラス数であり，逆に原始的ピタゴラス数は必ずこのような形で与えられる (ただし，y を偶数とする)．

定理 2.2 (テアイテートス - ユークリッド (Theaitetos-Euclid))　正多面体は 5 種類 (正 4 面体，正 6 面体，正 8 面体，正 12 面体，正 20 面体) のみ存在する (図 2.1 参照).

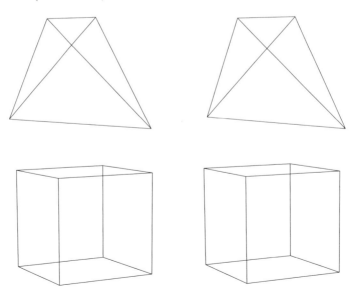

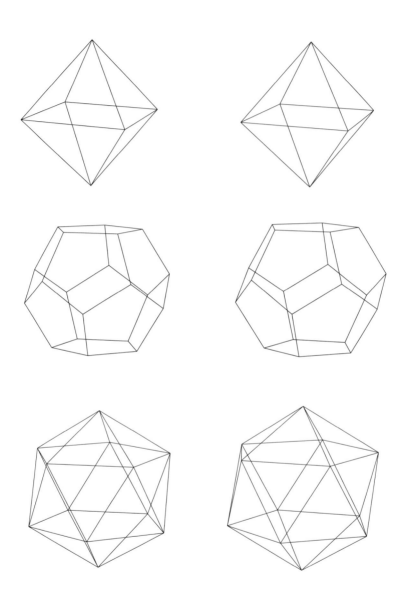

図 2.1　正多面体 (立体視グラフィック)

古代ギリシャは，紀元前 4 世紀に入ると衰退に向い，338B.C. にはマケドニアの支配下に入った．その直後マケドニアはアレクサンドロス大王の時代になり，ヨーロッパから，インド西部，アフリカ北岸までを含む巨大な王国となった．アレクサンドロスの死後マケドニアはすぐに 3 分割され，エジプトのアレクサンドリア (アレクサンドロスの町という意味で，実際彼によって都市の建設が図られた) を首都とするプトレマイオス王朝に，ヘレニズムの学問，文化の多くが受け継がれた[2]．アレクサンドリアには当時の古代世界の主要図書のほとんどを収めた大図書館があり，研究所が併設されていて，ここがヘレニズム世界での学問の中心であった．

ユークリッド (Euclid, 330 B.C.?-275B.C.?)

　ヘレニズム時代のアレクサンドリアで活動したが，伝記不祥.『原論』(ストイケイアという) 13 巻を著し，ギリシャで発展した数学の成果を論理的に一貫した体系にまとめた．現在の中学，高校の平面幾何学の大部分の内容が，この本に含まれる (ピタゴラスの定理を補助線を引いて証明する方法は，この本で与えられている．図 2.2 参照).

　この『原論』では，定義，公理にはじまり，諸概念を確定し，その後に定理とその証明が列挙されているが，具体例は 1 つも扱われていない．

　世界の根本的な秩序を述べる完全な書物には，具体例は不要であるというプラトン的な考えの徹底が図られているのである．その意味で，後の時代において学問の書の模範と仰がれた．プラトンの項で述べた，テアイテートスによる 2 つの定理は，この『原論』において，定理 2.1 は第 10 巻定理 28 の補題として，定理 2.2 は第 13 巻最後の定理 18 として証明が与えられている．

　ユークリッドについての同時代の記述は残っていない．比較的くわしい，しかもある程度信頼できるものは，ローマ時代の 5 世紀に『原論』の注釈を残したプロクロスによるものだけである．

　それによると，アレクサンドリアのプトレマイオス I 世に仕え，王が，この『原論』よりも手っ取り早く幾何学を学ぶ方法はないのかと尋ねたとき，

---

　2) アレクサンドロス大王の時代から，プトレマイオス王朝の滅亡までの約 300 年間の地中海地域の文明がヘレニズム文明とよばれる．([2.4] 序論，による)

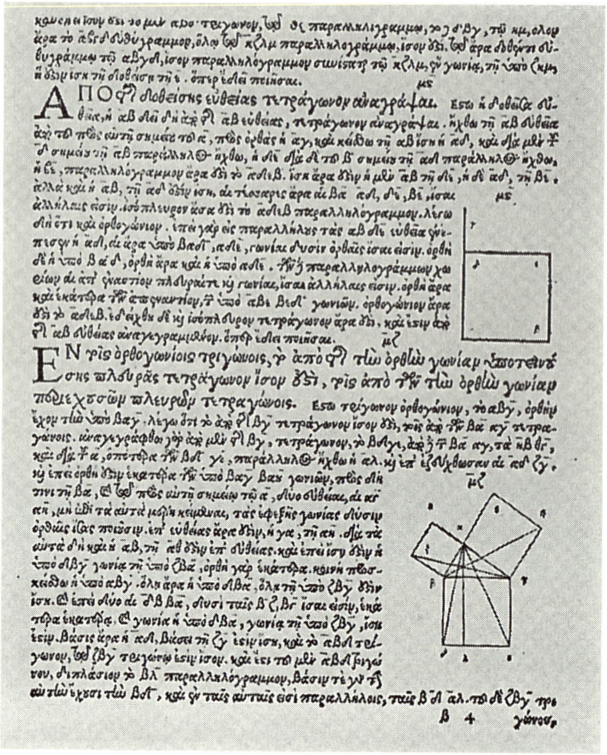

24　第 2 章　古代の知恵，古代の美：ヘレニズム時代の数学

図 2.2　ユークリッド『原論』，第 1 巻定理 47 としてピタゴラスの定理とその証明が述べられている．
(『ユークリッド原論』(中村，寺阪，伊東，池田訳・解説) 共立出版，より)

　幾何学に王道なし

と答えたことが，伝えられている．

　ローマの勃興期は同時に地中海の通商国家であったカルタゴの衰退期であり，紀元前 3 世紀に数度にわたって，両国は衝突を繰り返した．その中で，アフリカの象を多数スペインに移送し，スペイン現地の精鋭を組織して象部隊とともに行軍してアルプスを越え，イタリア半島に攻めこんだ名将ハンニバルの活躍が名高い．この時期，アルキメデス (287 B.C.-212 B.C.) は，旧ギリシャ植民都市であったシチリアのシラクサに現われた．彼は，今日の解析

学につながる多くの独創的研究をしたが，戦乱の中でローマ兵に殺害された．

　ローマ期に入ると，数学は衰退した．長いローマ支配の時代の中でほとんど唯一の独創的研究は，コンスタンチヌス大帝の時代に前後して現われたディオファントスの著作のみである．

ディオファントス (Diophantus, 246 ?-330 ?)

　ローマ時代の数学者であるが，アレクサンドリアで活動した．伝記不祥．『数論』13 巻を残したが，長くその著作も行方不明であった．15 世紀になって，ヴェネチアのマルチャーナ図書館から，6 巻までの写本が発見され，今日に伝わっている．

　『数論』は，『原論』のように，一貫した理論的体系をなしたものではなく，1 巻あたり約 40 題の数論の問題とその部分的解答とが羅列されている．1637 年に，この書物がフランス語に訳されて出版された．フランスの数学者フェルマーは，自分で新たな工夫を加えながら，ディオファントスの数学を研究し，その過程で，多くの予想を提起していった．これらの中には，後世の数学者が中心問題として論じる重要なテーマが数々含まれていた．こうして，フェルマーによって，近代の数論が開始されたのであった．

ピタゴラス，プラトンの思想の近世の世界観への影響

　15, 16 世紀は，イタリアを中心とするルネッサンスの時代であり，この時期，中世の神学体系への対置として，プラトンの思想が芸術家，人文家の世界観の大きな支えとなった．科学の分野では，コペルニクス (Copernicus, 1473-1543)，ケプラー (Kepler, 1571-1630) による地動説が次第に浸透し，一枚岩のカソリック的神学的世界観から，より自由な世界観へと次第に移行していった．彼等の "科学的世界観" を支えて，研究を推進させたのは，実はピタゴラスやプラトンの宇宙観であったことが，その著作からうかがえる．ケプラーの初期の著作では，惑星 (水，金，地，火，木，土) の軌道は，5 種類の正多面体をつぎつぎに (8,20,12,4,6 の順に)，同一の中心を持つ 6 個の球面に外接させて得られると主張されている (図 2.3 参照)．そのように，宇宙はプラトン的調和をもって造られていると信じ，またそれを立証しようとしていたのである．

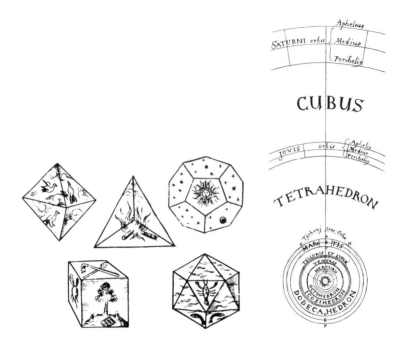

図 2.3　ケプラー『宇宙の和声』にある四元素と正多面体の対応図.(S.K. ヘニンガー,Jr『天球の音楽 – ピュタゴラス宇宙論とルネサンス詩学』(山田耕士,吉村正和,正岡和恵,西垣学訳) 平凡社,より).

　また,当時の庭園において,ルネッサンスの思想家達は,自分達の世界観を,暗喩 (アレゴリー) の形で表現し,それはピタゴラスに発する「4元素説」に基づくことが,美術史家達によって指摘されている.

> 錬金術師は自分たちの思考をもっともふさわしい象徴の中に隠すことについての天才であったために,彼らの象徴体系にはある普遍性と教養ふかい伝承とを認めることができる.4つの元素を用いての「自然と人工」のたわむれとしての庭の本質を彼らのアレゴリーはよく示している.さらに,象徴学者の多くが説明しているように,ここで庭園が四角であることが重要な意味をもってくる. – 中略 –
> このような (16 世紀のメディチ家の菜園に見られる庭園プランの) 十字分割は,四元素や四季,世界の四方などの大地的なシンボリズムを示

しているため，庭園デザインの基本形となり，ヴィラ・ランテなどの名高いイタリア庭園ばかりでなく，ミュンヒェンのレジデンツの庭やパリのシャトー・デ・メゾンの庭，さらにはイギリス人の愛好する「ローズ・ガーデン」のフラワー・ベッドの基本型にまでひろがっていった．

若桑みどり『薔薇のイコノロジー』より．

(図 2.4 を参照)

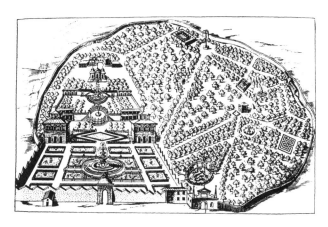

図 2.4　(上) ヴィラ・ランテの庭園, (下) マッジョーレ湖, イソラベッラのボロメオ庭園 (バロック期).
(岡崎文彬『ヨーロッパの名園』建築資料研究社, より)

28　第 2 章　古代の知恵，古代の美：ヘレニズム時代の数学

　最後に，定理 2.1 の証明を与えておく．前の章で無限個のピタゴラス数が
構成できることを論じたが，$15^2 + 8^2 = 17^2$ のような組は，前章の方法では
つくれない．それに対し，この定理は "すべての" ピタゴラス数がどのよう
にして与えられるのかを決定しているのである．つまり，この定理に至って
はじめて，ピタゴラス数がどのようなものであるかが完全に了解されるので
ある．これが，バビロニア以来の英知の積み重ねの，古代における 1 つの到
達点なのである．

　定理 2.1 の証明　定理を 2 つの主張に分けて示す．

[主張 1]

　原始的ピタゴラス数 X, Y, Z において，Y は偶数とする (したがって X,
Z は奇数)．このとき，3 条件

（ i ）　$p > q$,

（ ii ）　p と q は互いに素，

（iii）　p と q は偶奇を異にする

を満たす自然数 p, q によって

（ 1 ）　　　　　　$X = p^2 - q^2, \quad Y = 2pq, \quad Z = p^2 + q^2$

と表わされる．

　(その証明)

　仮定から X, Y, Z は

$$\left(\frac{X}{Z}\right)^2 + \left(\frac{Y}{Z}\right)^2 = 1$$

を満たす．このとき

$$x = \frac{X}{Z}, \quad y = \frac{Y}{Z}$$

は既約分数で与えられた有理数で，(x, y) は単位円 $x^2 + y^2 = 1$ 上の点で
ある．

　$\angle \mathrm{PAO} = \theta$ とすると $\angle \mathrm{POB} = 2\theta$ (図 2.5 を見よ) となる．ここで，直線
$\overline{\mathrm{PA}}$ の傾き $\tan \theta$ を

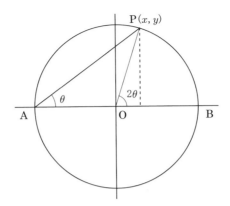

図 2.5　x, y, θ の間の関係

(2) $$\frac{q}{p} \quad (既約分数)$$

とおく．倍角の公式で

$$(*) \quad \frac{Y}{X} = \frac{y}{x} = \tan 2\theta = \frac{2\tan\theta}{1-\tan^2\theta} = \frac{2pq}{p^2-q^2}$$

であり（$\cos 2\theta = \cos^2\theta - \sin^2\theta, \sin 2\theta = 2\sin\theta\cos\theta$ だったのですよ）

(3) $$p \ と \ q \ は，偶奇が異なる．$$

なぜなら，もちろん (2) から p, q 同時に偶数ではない．また，ともに奇数なら，$(*)$ から，分子の 2 が約されて Y が奇数となり，仮定に反する．また，$2pq$ と $p^2 - q^2$ は共通因数を持たず．すなわち，

(4) $$(*)\ の右辺の分数は既約分数である．$$

実際，分子，分母に共通の素因数があれば，分子 $2pq$ に注目し (3) を考慮すれば，それは p または q の約数であり，いま p の素因数 d が共通の約数とすると，

$$2pq = 2dp'q$$
$$p^2 - q^2 = dn$$

と，ある数 n, p' を用いて表わせるが，

$$q^2 = d^2 p'^2 - dn = d(dp'^2 - n)$$

ゆえ q は素因数 d を含む．これは (2) に反する．

(∗) の最初と最後の式はともに既約分数ゆえ，分子どうし分母どうしが一致する．すなわち，

$$X = p^2 - q^2, \quad Y = 2pq.$$

さらに $Z^2 = X^2 + Y^2$ から

$$Z = p^2 + q^2$$

を得る．p, q が (i), (ii), (iii) の条件を満たしていることは，上の議論で示されている．

[主張 2]

逆に，条件 (i), (ii), (iii) を満たす p, q によって (1) のように与えた 3 数 X, Y, Z は，原始的ピタゴラス数である．

(その証明)

ピタゴラス数となることは明らかだから，X, Y, Z に共通因数のないことを背理法で示す．

X, Y, Z に共通の素因数 d があったとする．それは特に $Y = 2pq$ の素因数であるが，仮定 (iii) から，X は奇数ゆえ $d = 2$ ではない．いま，d が p の素因数だとすると，背理法の仮定から

$$p = dp'$$
$$X = p^2 - q^2 = dn$$

とある数 n を用いて表わされ，"主張 1" と同じ議論で q も素因数 d を含み，矛盾となる．　　　　　　　　　　　　　　　　　　　　　　　□

演習 2

[1]　テアイテートスの定理 2.1 にしたがって，5 組の p, q に対して，ピタゴラス数 X, Y, Z を決定せよ．

$$(p, q) \qquad (X, Y, Z)$$

(p,q)		(X,Y,Z)		
(,)	(	,	,	)
(,)	(	,	,	)
(,)	(	,	,	)
(,)	(	,	,	)
(,)	(	,	,	)

[2] ピタゴラス数 $(55, 48, 73)$ を与える p, q を求めよ.

[3] 5 種類の正多面体において，それぞれの頂点の数 (e とする)，辺の数 (v とする)，面の数 (s とする) を数え，さらに $\chi = e - v + s$ と一緒にして表にせよ.

種類	e	v	s	χ
正 4 面体				
正 6 面体				
正 8 面体				
正 12 面体				
正 20 面体				

文献 2

[2.1] 『プラトン全集』(特に『パイドン』,『テアイテートス』,『国家』などは岩波文庫で見ることができる)，岩波書店.

[2.2] 『ユークリッド原論』(中村幸四郎, 寺阪英孝, 伊東俊太郎, 池田美恵訳・解説)，共立出版, 1971.

[2.3] S.K. ヘニンガー, Jr『天球の音楽 – ピュタゴラス宇宙論とルネサンス詩学』(山田耕士, 吉村正和, 正岡和恵, 西垣学訳)，平凡社, 1990.

[2.4]　ラッセルの第 1 章文献 [1.1].

[2.5]　若桑みどり『薔薇のイコノロジー』, 青土社, 1984.

[2.6]　ディオゲネス・ラエルティオス『ギリシャ哲学者列伝 (上, 中, 下)』
(加来彰俊訳), 岩波文庫, 1984-1994.

[2.7]　彌永昌吉, 伊東俊太郎, 佐藤徹『数学の歴史 1 』, 共立出版, 1979.

[2.8]　ディオファントス『数論』(フェルマー註), Pierre de Fermat, *"Précis des Mathématiques"*, Jacques Gabay (1989).

[2.9]　フランソワ・シャムー『ヘレニズム文明』(桐村泰次訳), 論創社, 2011.

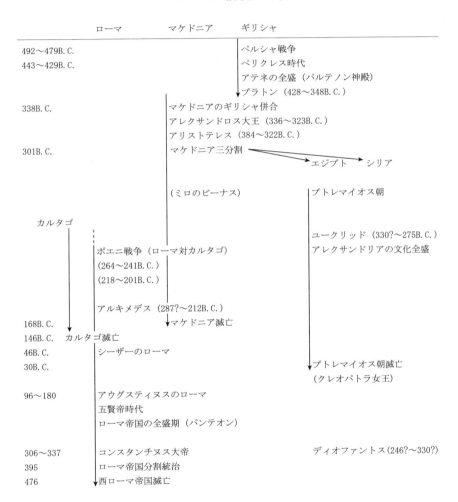

ヘレニズム前後の年表

第 3 章

正多面体を決定する．そして正 4 面体を回転する．

3.1 正多面体を決定する

いくつかの多角形を用意して，ちょうど長さの等しい辺どうしを貼り合わせてすきまなく閉じられた立体が得られたとする．このような立体を多面体という．ただし，多角形とは，ひと続きの交差しない折れ線に囲まれてつくられる平面図形のことである．

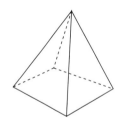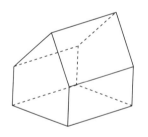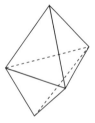

図 3.1　多面体の例．

多面体 P を考える．その 1 つ 1 つの面は，それぞれある平面を定めている．このいずれもが，P を 2 つの部分に分断していないとき，P は凸多面体であるという．つまり，どこにも "凹み" のない多面体を凸多面体とよぶのである．

定理 3.1 (オイラー (Euler, 1707-1783) の等式)　凸多面体 P を考える．それを構成する多角形の数を s，辺の数を e，頂点の数を v とする．このと

き等式
$$v - e + s = 2$$
が成立する．(この定理は第 5 章で証明する)

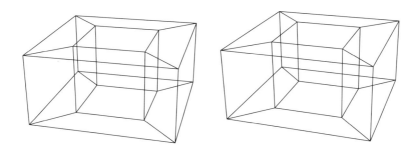

図 3.2　凸多面体でない例 (立体視グラフィック)

一般に凸多面体でない場合も含めて
$$\chi(P) = v - e + s$$
とおき，$\chi(P)$ (カイ) を多面体 P のオイラー標数という．

オイラーの等式は，このオイラー標数がどのような凸多面体でも一定になると主張しているのである．

いくつかの合同な正多角形によってつくられ，各頂点に集まる多角形の個数がすべて等しい凸多面体を正多面体という．前の章で述べたように，正多面体は古代ヘレニズムの時代にすでに決定されていた．

定理 2.2 (テアイテートス - ユークリッド)　正多面体は，正 4 面体，正 6 面体，正 8 面体，正 12 面体，正 20 面体の 5 種類に限られる．

この定理は前の章で紹介したものである．平面幾何学の諸定理 (ピタゴラスの 3 平方の定理のような) を除くと，前の章で述べたテアイテートスによるものとされる 2 つの定理は，古代における数学の到達点を示す主要な結果である．この章では，上で述べたオイラーの等式を用いて，多面体定理の証明を与えよう．

証明 まず，1つの正多面体を想定し，それは s 個の正 n 角形によってつくられ，1つの頂点には k 個の面が集まっているとしよう．

このようにして，想定された数の組 (n, k, s) にどのような可能性が許されるかを絞り込んでゆく．もともと $k \geq 3$ であることに注意しておこう．

♠ 正 n 角形の1つの内角は

$$\pi\left(1 - \frac{2}{n}\right) \left(= \left(1 - \frac{2}{n}\right) \times 180°\right)$$

である．なぜなら，n 角形は3角形を $n-2$ 個寄せ集めてつくられていると考えることができ (図 3.3)，その内角の総和が $\pi(n-2) = (n-2) \times 180°$ となるので，1つ1つの内角はその $\dfrac{1}{n}$ となり，上の値が得られる．

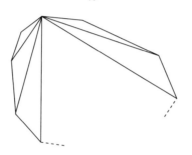

図 3.3 n 角形の内角の和

♠♠ この n は 3, 4, 5 のいずれかでなければならない．実際，1つの頂点に集まってくる k 個の正 n 角形の，おのおのの内角の寄与を足し合わせると

$$\pi\left(1 - \frac{2}{n}\right) \times k$$

となり，それは，尖った頂点を作るのだから 2π より小さい．さらに $k \geq 3$ であったから

$$\pi\left(1 - \frac{2}{n}\right) \times 3 \leq \pi\left(1 - \frac{2}{n}\right) \times k < 2\pi$$

である．これから，$n < 6$ が得られる．

♠♠♠ われわれの多面体に関し，v (頂点の数) $= ns/k$, e (辺の数) $= ns/2$

となり，オイラーの等式から

$$（1）\qquad \frac{ns}{k} - \frac{ns}{2} + s = s\left(\frac{n}{k} - \frac{n-2}{2}\right) = 2$$

が得られ，かっこ内は正だから

$$（2）\qquad k < \frac{2n}{n-2}.$$

(1), (2) を用いて，可能な組 (n, k, s) を列挙することができる.

実際 $n = 3$ の場合，(2) から $k = 3, 4, 5$ のいずれか. (1) によって，(n, k, s) の組合せとして $(3, 3, 4), (3, 4, 8), (3, 5, 20)$ が得られる. 同様にして $n = 4$ のときは $(n, k, s) = (4, 3, 6)$，また，$n = 5$ のときは $(n, k, s) = (5, 3, 12)$ が得られる.

したがって，この検討を経て 5 種類の可能性だけが残されるが，そのおのおのに対し，実際の正多面体が構成される. したがって，これらが実際に存在する正多面体のすべてである. □

3.2　正 4 面体を回転する

ここで，特に正 4 面体について，別の観点から考察してみよう. まず，正 4 面体を 3 次元空間内に置いて考える.

いま，その各頂点を，v_1, v_2, v_3, v_4 と名前をつける. 中心は原点にあり，v_1 は z 軸の正の部分にあると考える. この正 4 面体の中心をとめてぐるっと回転させると，頂点達の入れ替わりは起こっても，もとと同じ姿勢となることがある. それは，正 4 面体の 4 頂点 v_1, v_2, v_3, v_4 を通る球面 (すなわち，正 4 面体に外接する球面) を描き，その球面を頂点達の入れ替わりが起きるように上手に回転させたものとも考えられる.

このような，頂点を頂点に移す球面回転をいろいろ考え，それらすべての集合のことを正 4 面体群とよび記号 $\boldsymbol{T}$ で表わす.

正 4 面体群の要素のうち，z 軸の回りの反時計まわりの 120 度回転を T と名付ける. v_i, v_j $(i, j = 1, 2, 3, 4)$ の中点を M_{ij} で表わし，M_{14} と M_{23} を結ぶ直線を軸にした 180 度回転を S と名付ける. また，M_{13} と M_{24} を

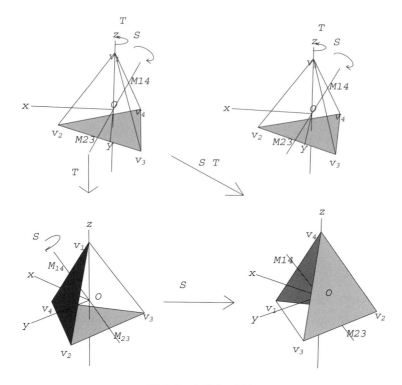

図 3.4 4 面体の回転

結ぶ直線を軸にした 180 度回転を U と名付ける (図 3.4 参照).

また,"動かさない"という回転を恒等変換とよび,id で表わす.

さて,正 4 面体群の要素がどれほどあるかを考察しておこう.

まず,各変換は,軸とそのまわりの回転の角度で定まるが,正 4 面体の回転軸になれるのは,1 つの頂点から中心を貫く傘の柄のような軸と,ねじれの位置にあって向かい合う 2 つの辺の中点どうしをおでんのように串刺しにする軸との 2 種類しかあり得ない.すると,頂点を通る軸は 4 本あり,そのときの回転角度は,頂点を上から見て 120 度および 240 度の 2 通り考えられる.また,中点を通る軸は 3 本あり,そのとき回転角度は 180 度に限られる.こうして $8+3=11$ 個の変換が得られ,恒等変換と併せて 12 個となり,正 4 面体群の要素はそれらですべて尽くされる.

また,$\boldsymbol{T}$ のある変換 (W_1 としよう) を施し,さらに別の $\boldsymbol{T}$ の変換 (W_2

としよう) を施すこともできる. このようにして, 第 3 の変換 (W_3 としよう) が生じるが, それも上に述べた 12 個のどれかになっているのである. この第 3 の変換を 2 つの変換 (W_1 と W_2) の合成とよび, $W_2 \circ W_1$ で表わす (表わし方の順番に注意!).

正 4 面体群 $\boldsymbol{T}$ に属しているある変換を考える. この変換は, 頂点の入れ替えを引き起こすが, 変換の後に v_1, v_2, v_3, v_4 に来ている頂点を添え字のみで下の段に示したダイヤグラムを P で表わす.

たとえば, 変換 T においては,

$$P(T) = \begin{pmatrix} 1 & 2 & 3 & 4 \\ 1 & 4 & 2 & 3 \end{pmatrix}$$

となる. このダイヤグラムは, 表を縦に見て,

$$v_1 \text{ は入れ替わらない}$$

$$v_2 \text{ の席が } v_4 \text{ の席になった}$$

$$v_3 \text{ の席が } v_2 \text{ の席になった}$$

$$v_4 \text{ の席が } v_3 \text{ の席になった.}$$

という規則で翻訳するものと定める.

このように, $\boldsymbol{T}$ の元は, 変換の前と変換を施した後の "各頂点の席の対応" によって指定される.

実際, 変換 S, U においては,

$$P(S) = \begin{pmatrix} 1 & 2 & 3 & 4 \\ 4 & 3 & 2 & 1 \end{pmatrix}$$

$$P(U) = \begin{pmatrix} 1 & 2 & 3 & 4 \\ 3 & 4 & 1 & 2 \end{pmatrix}$$

となる.

さて, T をやってから S を施す変換のことを $S \circ T$ と表わすのだった (順番に特に注意!). 図 3.4 によって

40 第 3 章 正多面体を決定する. そして正 4 面体を回転する.

$$P(S \circ T) = \begin{pmatrix} 1 & 2 & 3 & 4 \\ 4 & 1 & 3 & 2 \end{pmatrix}$$

というダイヤグラムが得られる.

ところが, このダイヤグラムは, $P(T)$ による席の移動を行ない, その後でさらに $P(S)$ による席の移動があると考えれば, つぎのしくみで計算される. たとえば, v_2 の席は T によって v_4 の席になり, それは S によって v_1 の席になる. したがって, $S \circ T$ によって v_2 の席は v_1 の席に替わる. 他の頂点についても同様である.

$$\begin{pmatrix} \underline{1} & 2 & 3 & \overline{4} \\ \underline{4} & 3 & 2 & \overline{1} \end{pmatrix} \begin{pmatrix} \underline{1} & \overline{2} & 3 & 4 \\ \underline{1} & \overline{4} & 2 & 3 \end{pmatrix} \longrightarrow \begin{pmatrix} \underline{1} & \overline{2} & 3 & 4 \\ \underline{4} & \overline{1} & 3 & 2 \end{pmatrix}.$$

一般に, いくつもの変換の合成を実際に図を描いて調べるのは大変だが, このようなダイヤグラムの "掛け算" を定めておけば, 合成によって得られた変換がオートマチックに求まる!

例 3.1
$$P(S \circ U) = \begin{pmatrix} 1 & 2 & 3 & 4 \\ 2 & 1 & 4 & 3 \end{pmatrix}$$

$$P(T^2 \circ S \circ U) = \begin{pmatrix} 1 & 2 & 3 & 4 \\ 3 & 1 & 2 & 4 \end{pmatrix}.$$

このような (数字の入れ替え操作自身を扱うという) 考え方は, 正 4 面体という具体的な図形から完全に離れて, 以下に述べるような, より "抽象的" な数学的対象 "4 次対称群" を導くことになる.

4 次対称群とは何かを説明しよう.

$1, 2, 3, 4$ という 4 つの数字からできている集合を考える. この集合 $\{1, 2, 3, 4\}$ を A で表わす. A から A 自身への 1 : 1 写像,

$$1 \longrightarrow i_1$$

$$2 \longrightarrow i_2$$

$$3 \longrightarrow i_3$$

$$4 \longrightarrow i_4$$

のことを

$$\begin{pmatrix} 1 & 2 & 3 & 4 \\ i_1 & i_2 & i_3 & i_4 \end{pmatrix}$$

で表わし，このような写像のことを 4 文字の置換という．4 文字の置換を 2 つ取ってきて σ (シグマ)，τ (タウ) としよう．σ をやってから τ をさらに施すことによって，さらに 4 文字の置換が得られるが，これを σ と τ の合成といい，$\tau \circ \sigma$ で表わす (表わし方の順序に注意 !).

$$\sigma = \begin{pmatrix} 1 & 2 & 3 & 4 \\ i_1 & i_2 & i_3 & i_4 \end{pmatrix}, \quad \tau = \begin{pmatrix} i_1 & i_2 & i_3 & i_4 \\ j_1 & j_2 & j_3 & j_4 \end{pmatrix}$$

と表わされているとき，

$$\tau \circ \sigma = \begin{pmatrix} 1 & 2 & 3 & 4 \\ j_1 & j_2 & j_3 & j_4 \end{pmatrix}$$

となっていることは，写像の定義によって容易に分かる．

$$1 \longrightarrow i_1 \longrightarrow j_1$$
$$2 \longrightarrow i_2 \longrightarrow j_2$$
$$3 \longrightarrow i_3 \longrightarrow j_3$$
$$4 \longrightarrow i_4 \longrightarrow j_4$$

このような 4 文字の置換をすべて集めた集合全体を 4 次対称群とよび $\mathfrak{S}_4$ (エス・ヨンと読む) で表わす．$\mathfrak{S}_4$ は，$1, 2, 3, 4$ を使ってできる並べ方の数だけの要素があるから，合計 $4! = 24$ 個の要素からできている．

このように，正 4 面体の回転操作の考察が，より一般的な (抽象的な) 対称群の操作で代行されることが分かる．

例 3.2

id,	$T,$	$T^2,$
$S,$	$T \circ S,$	$T^2 \circ S,$
$U,$	$T \circ U,$	$T^2 \circ U,$
$S \circ U,$	$T \circ S \circ U,$	$T^2 \circ S \circ U$

が正4面体群の要素のすべてと一致する．

$$S \circ U = \begin{pmatrix} 1 & 2 & 3 & 4 \\ 2 & 1 & 4 & 3 \end{pmatrix}$$

$$T^2 \circ S \circ U = \begin{pmatrix} 1 & 2 & 3 & 4 \\ 3 & 1 & 2 & 4 \end{pmatrix}$$

ゆえ，$S \circ U$ は M_{12}, M_{34} を通る"おでん型"の回転，$T^2 \circ S \circ U$ は v_4 を頂点にした"傘"型の 240 度回転の変換であることが分かる．

ここに数学の特徴が現われている．すなわち，

1つの現象をナマのまま見るのではなく，その本質だけを取りだして，
より一般的な数学的構造として捉らえる

というのが基本戦法なのである．あのピタゴラスは，このことを「万物は数である」という言葉でいい切ったのだった．

ところで，4 人で引くアミダくじは，4 文字の置換と考えられる．

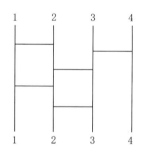 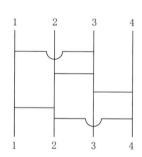

図 3.5　アミダくじ

例 3.3　図 3.5 の左のアミダくじ置換の表示では

$$\begin{pmatrix} 1 & 2 & 3 & 4 \\ . & . & . & . \end{pmatrix}$$

となる．いま，アミダの"橋"は縦線を乗り越えることができるものとする[1]．図 3.5 の右のアミダくじはどのように与えられるだろうか？

3.2 正 4 面体を回転する 43

例 3.4
$$\begin{pmatrix} 1 & 2 & 3 & 4 \\ \cdot & \cdot & \cdot & \cdot \end{pmatrix}^{2)}.$$

このように考えると,

「4 文字の置換は必ずアミダくじによって表わされる」といえそうだ.
これは,実際正しい.

アミダくじのうちで,特に橋が 1 つの置換は,ある 2 つの文字の入れ換えになる.このようなものを互換とよぶ.上のかっこをいい換えて,

定理 3.2 どのような 4 文字の置換も,必ずいくつかの互換の積で表わせる.

と主張することができる.

演習 3

[1] 正 4 面体群の各変換による頂点の移動を,本文で指定された方法で記述せよ.

$$\text{id;} \qquad P(\text{id}) =$$

$$S; \qquad P(S) = \begin{pmatrix} 1 & 2 & 3 & 4 \\ 4 & 3 & 2 & 1 \end{pmatrix}$$

$$U; \qquad P(U) = \begin{pmatrix} 1 & 2 & 3 & 4 \\ 3 & 4 & 1 & 2 \end{pmatrix}$$

---

1) 例 3.3 の答:

$$\begin{pmatrix} 1 & 2 & 3 & 4 \\ 2 & 3 & 4 & 1 \end{pmatrix}.$$

2) 例 3.4 の答:

$$\begin{pmatrix} 1 & 2 & 3 & 4 \\ 1 & 2 & 4 & 3 \end{pmatrix}.$$

44　第 3 章　正多面体を決定する．そして正 4 面体を回転する．

$S \circ U;$　　　$P(S \circ U) =$

$T;$　　　　$P(T) = \begin{pmatrix} 1 & 2 & 3 & 4 \\ 1 & 4 & 2 & 3 \end{pmatrix}$

$T \circ S;$　　　$P(T \circ S) =$

$S \circ T;$　　　$P(S \circ T) =$

$T^2 = T \circ T;$　$P(T^2) =$

$T^2 \circ S$　　　$P(T^2 \circ S) =$

$T^2 \circ S \circ U;$　$P(T^2 \circ S \circ U) =$

[2] 4 文字の置換 $T^2 \circ S$ を表わすアミダを，図にいくつかの橋を架けることによって実現せよ．また，こうしてできたアミダを用いて $T^2 \circ S$ を互換の積に表わせ．

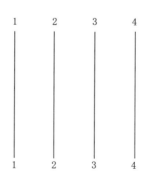

第4章

散歩道の秘密とオイラーの等式

前の章のオイラーの等式を思い出そう.

定理 3.1 (オイラーの等式) 凸多面体 P を考える. それを構成する多角形の数を s, 辺の数を e, 頂点の数を v とする. このとき等式

$$v - e + s = 2$$

が成立する.

この事実を用いて, 前の章で正多面体定理を示したのだったが, 定理 3.1 自身の証明は留保してあった. この章では, その証明を与える.

まず, 凸多面体という仮定によって, いま考えている図形は密閉された袋状であり, 折目を伸ばして滑らかにしてゆくと, 結局球面に変形される. このように, 途中で重なる部分が現われないように図形を変形してゆく操作を, "位相的な変形" とよぶ. 上の公式は,

球面と位相的に等しい図形に網目を入れて, その図形をいくつかの領域に細分したとき,

領域の個数 − 境界線の個数 + 3 つ以上の領域の接する分岐点の数

はいつも一定で 2 になる

ことを数学的に表現したものである. この 2 という数を, この図形のオイラー標数とよぶのである.

それでは，凸でない多面体のときにはどうなるのだろうか？

前の章で考察した図形は，位相的に変形してゆくとドーナツ状になること

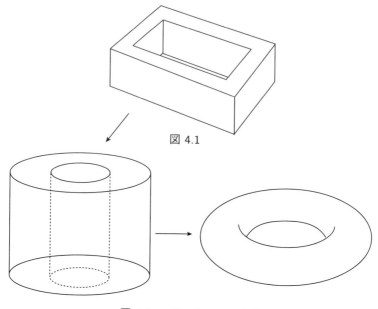

図 4.1

図 4.2a　ドーナツへの変形

が分かる (図 4.1, 図 4.2a 参照)．図 4.1 の図形を図 4.2b のように多角形に分割して計算すると，この図形のオイラー標数は 0 になることが分かる．分割のやり方を変えても同様である．つまり，多面体のオイラー標数は，その図

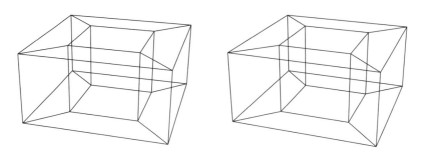

図 4.2b　ドーナツ状多面体の分割 (立体視グラフィック)

形を構成している個々の多角形の形やそれらの個数には関係なく，その多面体が位相的にどのようなモデルと一致するかによって定まっているのである．

このように，図形について，その "つながり方" のみに注目して抽出される性質を調べるのがトポロジー (位相数学) という数学である．このような数学は，18 世紀の数学者オイラーによって初めて考察され，19 世紀の後半から 20 世紀初頭にかけてその重要性が認識されるようになり，今日では数学の一分野として確立するに至った．

[オイラーの等式のいいかえ]

凸多面体の 1 つの面に注目し，それを底面と考える．その面をどんどん拡大してゆくと，やがて多面体を上から見たものは，底面の中にすべての頂点が含まれた，図 4.3 (c) のようなものになる．

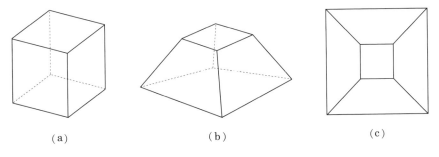

図 4.3 多面体のおしつぶし操作

この例で見ると，平面に押しつぶして，線分で描かれた図は，もとの多面体と同じ数の頂点と辺でできている．また，この図形は，平面を線分で区切られた 5 つの領域とさらにその外側にひろがる無限領域とに仕切っている．この領域の数ももとの多面体の面の数と等しく 6 である．

このような考察から，凸多面体という立体の性質を示すために，上の "押しつぶし操作" を行なってそれを平面図形の性質にいい換えることができそうだ．したがって，定理 3.1 を直接示す代りに，ある平面図形の定理の証明を与えてゆくのだが，ここで，考察の対象をはっきりさせるために，少し定義を用意する．

48　第 4 章　散歩道の秘密とオイラーの等式

定義 4.1　空間に置かれた有限個の点を有限個の線で結んだ図形をグラフとよぶ. ただし, 線の両端は必ず点になっているものとする. また, 点を結ぶ線は, 直線でも曲線でもよい. このとき, 点をグラフの頂点, 線をグラフの辺とよぶ.

例 4.1

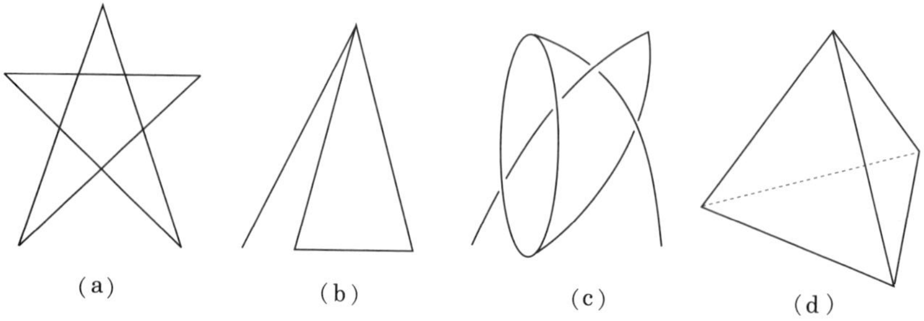

(a)　　　　　(b)　　　　　(c)　　　　　(d)

図 4.4　グラフのいろいろ

定義 4.2　グラフ G のどのような 2 つの頂点もいくつかの辺を渡ってつながっているとき, G は連結であるという.

定義 4.3　平面上に描かれたグラフを平面グラフという.

例 4.2　上の図 4.4 の左の 2 つ (a), (b) が平面グラフで, 右の 2 つ (c), (d) は平面グラフではない.

いま, 1 つの平面グラフ G を考える. G の辺達は, 平面を, それ以上は細分できないいくつかの区域に仕切っている. そのうちの 1 つは, 無限に広がっている囲いのない領域である. これらの領域の数を s とする. さらに, G を構成する頂点の数を v, 辺の数を e とする.

例 4.3　上の a では, $s = 7$, $v = 10$, $e = 15$ となり, b の例だと, $s = 2$, $v = 4$, $e = 4$ となっている.

さて, 最初の考察にもどろう. 凸多面体 P の 1 つの底面を巨大化して, その面に立体を押しつぶしたのだったが, そのときに得られる図形は平面グラフである. これを $G(P)$ としよう. このとき, P の面の数と $G(P)$ の領域

の数とは一致する[1]. もちろん, P と $G(P)$ において, 頂点の数, 辺の数は
一致している.

　したがって, オイラーの等式 (定理 3.1) は, ("押しつぶし操作" を行なう
ことによって) つぎの定理から示される.

　定理 4.1　連結な平面グラフ G において, その領域の数 s, 辺の数 e, 頂
点の数 v の間に

(†)
$$s - e + v = 2$$

が成り立つ.

　証明　(†) は境界線の数 e に関する数学的帰納法で示す[2].

　$e = 1$ のときは, 頂点はその辺の両端の 2 点のみ. 領域は, 囲まれた部分
はひとつもないから, 無限領域の 1 個だけ. このとき, $s = 1$, $e = 1$, $v = 2$
で (†) は成立.

　$e = n$ のときは, (†) が成り立っているとする.

　$e = n + 1$ のとき,

　(ⅰ)　2 つの領域の境界の一部になっている辺がある場合,

　(ⅱ)　そのような辺がない場合

に分けて考える. (ⅰ) の場合はその辺を, (ⅱ) の場合グラフの端にきている辺
を 1 つ選んで取り除く.

　(ⅰ) の場合. 頂点の数は変わらず, 領域と境界線が 1 つずつ減る (図 4.5).
また, (ⅱ) の場合, 領域の数は変わらず, 頂点と辺が 1 つずつ減る (図 4.6).
仮定によって, この 1 辺を取り除いたグラフでは $e = n$ になっているので
(†) は成立する. したがって, もとの図形でも, (†) は成立する.　　　　□

---

　[1]　P の底面は, $G(P)$ の外枠になり, 領域ではないが, これを無限にひろがっている
領域で代用して数える. 図 4.3 (c) 参照.

　[2]　数学的帰納法について.

　いま辺の数 e について見ると, どんな e を持ってきても, 残りの s, v は (†) を満たす
ようになるのだと主張している. この主張を示すのに, まず $e = 1$ の場合を確かめ, さら
に, e がある数 n のときに正しいのなら, $e = n + 1$ のときにも正しいことを示す. する
と, e がどんな数であっても芋づる式に正しくなってしまう, という証明法であった.

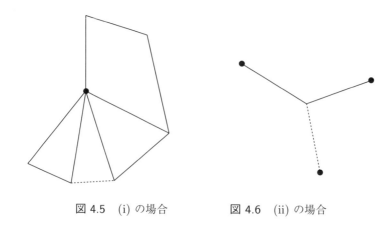

図 4.5　(i) の場合　　　図 4.6　(ii) の場合

　このように，いくつかの頂点を結ぶ回線を配置した図形についての理論は，現在ネットワーク・システム，回路配線，言語学，その他の種々の分野で応用されていて，グラフ理論とよばれる数学の一分野を形成しつつある．

　このようなグラフ理論の古典的な例を述べよう．

　旧プロシャの町ケーニヒスベルクをプレーゲル河が流れていて，河の中に島があり，その島に渡る 5 つの橋と，分岐した支流を渡る 2 つの橋が図 4.7 のように架かっていた．この 7 つの橋をすべて一度ずつ渡って町を散歩することができるだろうか？

　オイラーは当時問題になったこの疑問を数学的に解決したのだった．

　島の形状や橋の長さや方向といった要素は，ここでは考慮する必要がなく，単に河によって隔てられている町の 4 部分のつながりかただけが本質的である（図 4.8 を見よ）．

　このようにして考えると，散歩の道順が見つかることは，図 4.8 で単純化された線描きの図形が，一筆書きできるかどうかというグラフの問題に帰着することが分かる．

　定義 4.4　グラフの 1 つの頂点 P に集まっている辺の数を頂点 P の次数とよぶ．次数が偶数の頂点を偶頂点，奇数の頂点を奇頂点とよぶ．

　定理 4.2　どのようなグラフにおいても，頂点の次数の総和は偶数である．

図 4.7　ケーニヒスベルク古地図

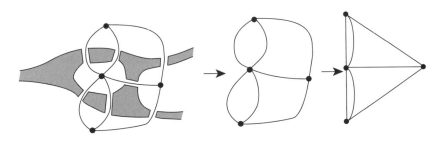

図 4.8　地図の位相的変形

証明　1 つの辺は，その両端の頂点で次数に算入されるから，

$$辺の総数 \times 2 = 次数の総和$$

となる．　□

系 4.1　どのようなグラフにおいても，奇頂点の個数は偶数個である．

命題 4.1　グラフ G が一筆書きで書けるなら，G における奇頂点の個数

は，0 または 2 でなければならない．

証明　書き出しでも書き終わりでもない中間の頂点を考えると，そこに入ってきた道は必ずどこかへ出てゆかねばならない．このように，入ってきた道と出てゆく道を組にしてみると，中間にある頂点は必ず偶頂点である．よって，奇頂点は必ず書き出しの点か，書き終わりの点となり，上の系と併せて考えると，それは 0 または 2 となる．　　　　　　　　　　　　□

定理 4.3　"グラフ G が，連結で奇頂点の個数が 0 または 2 である" とき，そのときに限って，G は一筆書きで書ける．

証明　命題 4.1 はこの条件 "…" が必要であることを述べている．よって，この条件が満たされているときに，一筆書きできることを示す．

辺の数 e に関する (数学的) 帰納法を用いる．

辺の数が 1 のとき，確かにできる．

辺の数が n のとき一筆書きできると仮定して，辺の数が $n+1$ のときを考察する．奇頂点の個数が 0 ならば，任意の辺を 1 つ消去する．この図形は辺の数が n で，定理の条件を満たしているので，帰納法の仮定によって一筆書きでき，しかも，その取り去った辺の両端が始点，終点となるので，最後にこの辺を書き加えることができ，もとの図形も一筆書きできる．

奇頂点が 2 個あるとき (P, Q とする)，その 1 つ P から出ている辺 A を 1 つ消去する．このとき P は偶頂点，A のもう一方の端 R は奇頂点となっている[3]．もし，この新しいグラフが連結なら，帰納法の仮定によって Q, R を，それぞれ始点，終点とする一筆書きができるので，(最後に辺 RP を書き加えて) もとのグラフも一筆書きできる．

もし，この辺 PR を取り除いた新しいグラフが連結でないなら，2 つの部分 (G_1, G_2 としよう) に分かれ，その一方の側 (G_1) に奇頂点 Q, R が含まれている (図 4.9 を見よ)．

帰納法の仮定によって (G_1 は辺の数が減っているのだから)，Q を始点，R を終点とするグラフ G_1 の一筆書きができる．ここで A を渡って G_2 に

---

[3]　P と Q を結ぶ辺がある場合には，(P, Q いずれかから他の頂点に出て行く辺は存在するので) A は PQ とは異なる辺を選ぶことにする．

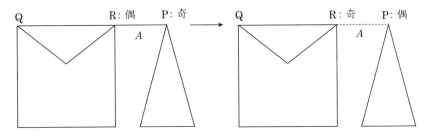

図 4.9 辺 PR の取り除き

やってくると，G_2 は偶頂点ばかりだから，さらに帰納法の仮定によって，残された部分が一筆書きされる． □

さて，こうして一筆書きの問題は上の定理で完全に決着がついた．では，ケーニヒスベルクの橋の問題に戻ってみよう．図 4.8 で示されたグラフについて定理 4.3 の条件を当てはめればよい．このグラフでは頂点は 4 つあり，いずれも奇頂点である．したがって，このグラフは一筆書きすることはできない．オイラーはこのような考察によって，当時の人々が頭を悩ませていた問題に明確な解答を与えたのだった．

演習 4

[1] 下のようなグラフは一筆書きできるかどうか判定し，できるものはそのやりかたを，矢印，2 重矢印などで分岐点での道の選び方を区別して，道順を示せ．

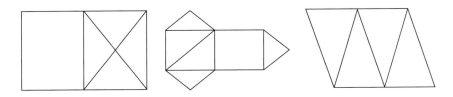

[2] 下の図形 P の 1 つの面を拡大し，その平面上に P をつぶした図を描け．こうして得られたグラフについて，領域の数 s，辺の数 e，頂点の数 v を数えよ．

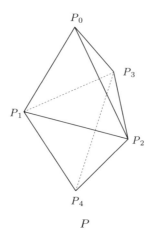

P

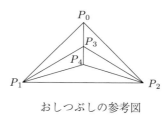

おしつぶしの参考図

[3] 正 12 面体の 1 つの面を拡大し，平面上につぶした図を描け．こうして得られたグラフについて，領域の数 s，辺の数 e，頂点の数 v を数えよ．

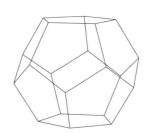

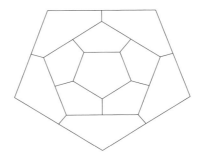

おしつぶしの参考図

第5章

対称群と置換群，15 ゲームの群論的考察

第3章で扱った4次対称群の話を思い出そう．この章では，これを一般にして n 次対称群を考える．対称群というのは，数学的な抽象構造物である．この構造物がどのようなしくみになっているかを調べる (学ぶ) のは数学の領域内の作業である．そのような "数学する" 部分は最小にとどめて，対称群という抽象構造が実際に現われるようすを正4面体群および15 ゲームを例にとって論じてみる．

5.1 置換群と正 4 面体群

n 個の元からなる集合 $X = \{1, 2, \cdots, n\}$ に対して X から X への $1:1$ 対応のことを n 文字の置換とよぶ．さらに，n 文字の置換の全体を n 次対称群とよび，$\mathfrak{S}_n$ で表わす．特に，X の各元にそれ自身を対応させる置換を恒等置換とよび，id で表わす．$\mathfrak{S}_n$ の各要素 σ はそれぞれの元の像を下段に書いて

$$\sigma = \begin{pmatrix} 1 & 2 & \cdots & n \\ i_1 & i_2 & \cdots & i_n \end{pmatrix}$$

のように表示する．

この表わし方によれば，恒等置換は ($n = 4$ の場合)

$$\mathrm{id} = \begin{pmatrix} 1 & 2 & 3 & 4 \\ 1 & 2 & 3 & 4 \end{pmatrix}$$

となる．また，置換 σ による番号 i の移り先を $\sigma(i)$ で表わす．さらに，σ の逆の対応

$$\begin{pmatrix} i_1 & i_2 & \cdots & i_n \\ 1 & 2 & \cdots & n \end{pmatrix}$$

のことを σ の逆置換とよび，σ^{-1} で表わす．

例 5.1
$$\sigma = \begin{pmatrix} 1 & 2 & 3 & 4 \\ 2 & 3 & 4 & 1 \end{pmatrix}$$

において，$\sigma(1) = 2, \sigma(2) = 3$ などとなり，

$$\sigma^{-1} = \begin{pmatrix} 2 & 3 & 4 & 1 \\ 1 & 2 & 3 & 4 \end{pmatrix} = \begin{pmatrix} 1 & 2 & 3 & 4 \\ 4 & 1 & 2 & 3 \end{pmatrix}$$

となる．

$\mathfrak{S}_n$ の 2 つの元

$$\sigma = \begin{pmatrix} 1 & 2 & \cdots & n \\ i_1 & i_2 & \cdots & i_n \end{pmatrix}$$

と

$$\tau = \begin{pmatrix} i_1 & i_2 & \cdots & i_n \\ j_1 & j_2 & \cdots & j_n \end{pmatrix}$$

との積 $\tau \circ \sigma$ を

$$\tau \circ \sigma = \begin{pmatrix} 1 & 2 & \cdots & n \\ j_1 & j_2 & \cdots & j_n \end{pmatrix}$$

で定義する (積の順番に注意 !)．$\tau \circ \sigma$ は $\tau\sigma$ と $\circ$ を省略して書くこともある．

n 個の文字のうちの 2 個 (i と j としよう) のみを入れ換える置換

$$\begin{pmatrix} 1 & \cdots & i & \cdots & j & \cdots & n \\ 1 & \cdots & j & \cdots & i & \cdots & n \end{pmatrix} = \begin{pmatrix} i & j \\ j & i \end{pmatrix}$$

58　第 5 章　対称群と置換群，15 ゲームの群論的考察

(変わらない文字は省略して書いた) を互換とよび，$(i\ j)$ で表わす．n 個の文字のうち $i_1,\ i_2,\ \cdots,\ i_k$ が順に移りあい，他の文字を変えない置換

$$\begin{pmatrix} i_1 & i_2 & \cdots & i_k \\ i_2 & i_3 & \cdots & i_1 \end{pmatrix}$$

を巡回置換とよび，$(i_1\ i_2\ \cdots i_k)$ で表わす．

命題 5.1 (置換の基本的性質)　(i)　n 次対称群 $\mathfrak{S}_n$ の元は $n!$ 個ある．

(ii)　$\mathfrak{S}_n$ の任意の元 σ は，いくつかの互換の積に表わせる．このときの表わし方は何通りもあるが，互換の個数の偶奇は一定している．

(iii)　偶数個の互換で表わされる置換を偶置換，奇数個の互換で表わされる置換を奇置換とよぶと，$\mathfrak{S}_n$ において偶置換と奇置換は同数個 (それぞれ $n!/2$ 個) ある．

例 5.2

$$\begin{pmatrix} 1 & 2 & 3 & 4 \\ 4 & 3 & 2 & 1 \end{pmatrix} = (1\ 4)(2\ 3) = (4\ 3)(1\ 2)(2\ 4)(1\ 3).$$

これらの性質がなぜ成り立つかを，述べておこう．

(i) について．n 文字の置換とは，1 から n までの数字の並べ替えであるから，並べ方の総数 $n!$ だけある．

(ii) について．これはもう少し考察を要するので，後で考える．

(iii) について．n 次対称群を偶置換の集まり A と奇置換の集まり B とに分けておく．いま，1 つの互換，たとえば (1 2) を取ってくる．A の元 σ に (1 2) を左から施すと奇置換 $(1\ 2) \circ \sigma$ が得られる．こうして，A のひとつひとつの元から B の元達への対応が得られるので，B は A の元の数と等しいかそれ以上の数の元を持っている (図 5.1 を見よ)．

B の元に左から (1 2) を施せば偶置換となるので，同様の議論で，A の元の総数は B の元の総数以上である．したがって，A と B は同数の元からなっている．

$\mathfrak{S}_n$ の元 σ に対して $\mathrm{sign}(\sigma)$ を

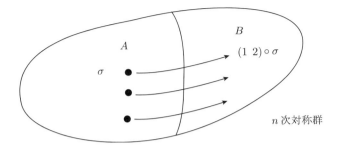

図 5.1 偶置換と奇置換

$$\mathrm{sign}(\sigma) = \begin{cases} 1 & \sigma \text{が偶置換のとき} \\ -1 & \sigma \text{が奇置換のとき} \end{cases}$$

というルールで定める．これを置換 σ の符号数とよぶ．2 つの n 文字の置換 σ, τ に対して

(♠) $\qquad\qquad \mathrm{sign}(\tau \circ \sigma) = \mathrm{sign}(\tau)\mathrm{sign}(\sigma)$

が成り立つ．実際，偶置換，奇置換の定義から，σ, τ をそれぞれ偶奇の場合分けをして考えれば，この等式は容易に導かれる．

♣ **置換の偶奇の判定法** ♣

置換 σ を考える．2 つの文字 i, j について $\sigma(i), \sigma(j)$ の大小が i, j の大小と比べて逆転しているとき，この組 i, j は転位であるという．転位の総数 (転位数とよぶ) が偶数のものが偶置換であり，奇数のものが奇置換である．

例 5.3 $\qquad\qquad \sigma = \begin{pmatrix} 1 & 2 & 3 & 4 \\ 3 & 2 & 4 & 1 \end{pmatrix}$

を調べよう．$\sigma(1) = 3$, $\sigma(2) = 2$ だから，組 (1 2) は転位である．同様に見て (1 4), (2 4), (3 4) がその他の転位のすべてである．したがって，この σ は偶置換である．

$\mathfrak{S}_n$ において偶置換全体の集合を n 次交代群とよび，$\mathfrak{A}_n$ (エー・エヌと読

60 第 5 章 対称群と置換群, 15 ゲームの群論的考察

む) で表わす.

第 3 章で述べた正 4 面体群 $\boldsymbol{T}$ の各元はそれぞれある 4 文字の置換と見なされ, 全部で 12 個の元があった. それは, 4 次対称群の元としてどのようなものなのだろうか？

第 3 章の記号をそのまま用いて

$$P(T) = \begin{pmatrix} 1 & 2 & 3 & 4 \\ 1 & 4 & 2 & 3 \end{pmatrix} = (34)(23)$$

$$P(S) = \begin{pmatrix} 1 & 2 & 3 & 4 \\ 4 & 3 & 2 & 1 \end{pmatrix} = (14)(23)$$

$$P(U) = \begin{pmatrix} 1 & 2 & 3 & 4 \\ 3 & 4 & 1 & 2 \end{pmatrix} = (13)(24)$$

だったが, これらはすべて偶置換である. 実際さらに, 正 4 面体群の元はどれも S, T, U を用いて表わすことができたし, 偶置換どうしの積は ♠ によって再び偶置換となるので, 正 4 面体群の元のダイヤグラムはどれも偶置換である. 正 4 面体群は $12 (= \dfrac{1}{2} \times 4!)$ 個の元でできているので, このようにして 4 文字の偶置換がすべて現われている. すなわち, 以下が成立する.

定理 5.1 正 4 面体群 $\boldsymbol{T}$ は 4 頂点の置換群として 4 次交代群 $\mathfrak{A}_4$ と同一視される.

5.2 15 ゲームの群論的考察

ここで, 置換群が現われる別の例を考察しよう.

図 5.2 のような 15 ゲームがある.

[15 ゲームの主問題]

☆のマークのピースを取り除き, 生じた空きスペースを使いながら, ピースを 1 つずつ上手に移動させ, 全体の絵柄を変えずに「ちょうちょ」を「花」の 1 マス上にとまらせたい.

(*) このとき, もちろん, 空きスペースももとの場所に戻っていなくては

5.2 15 ゲームの群論的考察 　61

図 5.2　15 ゲームの初期配置

ならない.

　ちょっと考えると,「ちょうちょ」を「花」の上の無地のピースと交換できれば済むように思える. だが, それは可能なのだろうか？

　このゲームを置換の考え方を用いて考察しよう. 準備として, 空きスペースに 1, 以下右上から横に 2, 3, ⋯, 16 という番号をマスとピース双方に与える. 混乱のないように, マス (座席) の番号は $\underline{3}$ のように, 座布団を敷き, ピースの番号は [3] (ちょうちょのピース) のようにかっこをつけて区別する. [1] は, となりにいるものと入れ換われる特別なピースを意味することになる.

(ⅰ) いま, 16 文字の置換

$$\begin{pmatrix} 1 & 2 & 3 & 4 & 5 & 6 & 7 & 8 & 9 & 10 & 11 & 12 & 13 & 14 & 15 & 16 \\ i_1 & i_2 & i_3 & i_4 & i_5 & i_6 & i_7 & i_8 & i_9 & i_{10} & i_{11} & i_{12} & i_{13} & i_{14} & i_{15} & i_{16} \end{pmatrix}$$

を,

　　座席 $\underline{1}$ にいるピースを $\underline{i_1}$ に移し, 座席 $\underline{2}$ にいるピースを $\underline{i_2}$ に移す. 以下同様の方法で 16 個のピースの座席を換える

という意味に解釈することと定める. このように, 置換という抽象物をどういう具体的操作と対応づけるか, 頭を整理して明確にしておくことが非常に大切だ.

(ii) ゲームを進行させる操作は，1 回ずつ，[1] とその隣にいるピースとの入れ換えを続けることと考えられる．したがって，この 1 回のアクションは，互換である．

(iii) したがって，最初の配置から最終の配置への変換は，ある 16 文字の置換

$$\begin{matrix} 1 & 2 & 3 & 4 & 5 & 6 & 7 & 8 & 9 & 10 & 11 & 12 & 13 & 14 & 15 & 16 \\ i_1 & i_2 & i_3 & i_4 & i_5 & i_6 & i_7 & i_8 & i_9 & i_{10} & i_{11} & i_{12} & i_{13} & i_{14} & i_{15} & i_{16} \end{matrix}$$

で表わされる．そのとき $\underline{1}$ には空きスペースが来ているのだから，$\sigma(1) = 1$ でなければならない．

このゲームで生じる 16 文字の置換 σ を仮に 15 ゲーム置換とよぶことにしよう．

(iv) 図 5.3 のように各マスを市松模様に白黒に塗り分けておくと，1 回のアクションで，空ピース [1] は必ず白マスから黒マスへ，あるいは黒マスから白マスへ移る．したがって，空ピース [1] は最初白マスにあり，ルール (∗) によって，最終形でも白マスにいるわけだから，最終形にいたるアクションの回数は必ず偶数である．

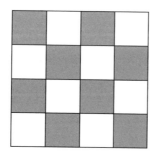

図 5.3　塗り分けられたピース

すなわち，

補題 5.1　15 ゲーム置換は偶置換である．

この補題は何でもないように見えるかも知れないが，われわれの主問題の解決に向かって大きな前進をもたらす．

最初に考えた，ちょうちょ ＝ [3] と花の上のピース ＝ [9] の入れ換えは，互換 (3, 9) で表わされ，それは奇置換である．したがって，そのような入れ換えは，上の補題に照らして考えると，実行できないことが分かる！！

では，どうすればよいのだろう？？

[予備的考察]

以下では，

　　小手だめし問題：「ちょうちょを花の 2 マス上にとまらせよ」

を考察する．

その手順は以下の通りである．

上 2 段の 8 マスを用いて，

$$(*) \qquad \begin{aligned} [3] &\longrightarrow [5] \\ [5] &\longrightarrow [2] \\ [2] &\longrightarrow [3] \end{aligned}$$

という入れ換えを実現する (図 5.8)．

このとき，「ちょうちょ」は花の 2 つ上のマスにとんで来たが，「けむり」は風向きがかわって左になびいてしまう．問題を易しくしたので，多少様子が違うが我慢しよう．

ここでは，[1], [2], $\cdots$, [8] のみの入れ換え，すなわち，8 文字の置換の範囲で考える．

　:: 原理 ::

(い)　まず，[2], [3], [5], [1] を一箇所に田の字形に集める操作をする．

(ろ)　つぎに，田の字の 4 マスで

$$(**) \qquad \begin{aligned} [3] &\longrightarrow [5] \\ [5] &\longrightarrow [2] \\ [2] &\longrightarrow [3] \end{aligned}$$

という入れ換えを実行する．

(は) (い) の逆操作を行なう．

(い), (ろ), (は) を続けて行なうと，結局，巡回置換

$$(3\ 5\ 2)$$

が引き起こされ，これが求めるものとなる．

では，これを実行しよう．

(い) 図 5.4 の空きスペースを，つぎつぎに 6 回のアクションを行なって図 5.5 のように回す．そのときの置換は

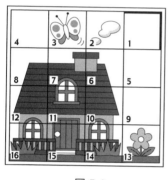

図 5.4

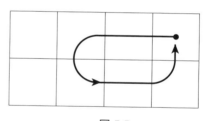

図 5.5

$$\tau = \begin{pmatrix} 1 & 2 & 3 & 4 & 5 & 6 & 7 & 8 \\ 1 & 5 & 2 & 4 & 6 & 7 & 3 & 8 \end{pmatrix}$$

で与えられ，その結果図 5.6 の配置になる．

このようにして，"(い)" の操作が実行できた．

(ろ) 図 5.6 の右上の 4 つのマスにのみ注目する．空きスペースを図 5.7 のように回すと

$$\sigma = \begin{pmatrix} 1 & 2 & 5 & 6 \\ 1 & 6 & 2 & 5 \end{pmatrix}$$

が引き起こされる．これは，図 5.6 の配置と照合すると (**) が実現されていることになる．

図 5.6

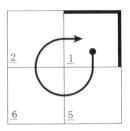

図 5.7

あとは，(い) で行なった空きスペースの移動を，逆に行なえばよい．この操作全体を置換で表現すれば

$$\tau^{-1}\sigma\tau$$

となり，これは巡回置換 $(3,5,2)$ に一致する．

こうして小手だめし問題の解
が実現された．

では，当初の「15 ゲームの主問題」はどのように解決されるのかを考察しよう．

(い 1)　1,5,9,10,6,2 の席にいるピースを順に回して

$$\begin{pmatrix} 1 & 5 & 9 & 10 & 6 & 2 \\ 2 & 1 & 5 & 9 & 10 & 6 \end{pmatrix}$$

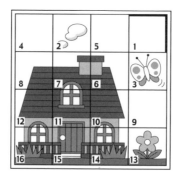

図 5.8　小手だめし問題の完成図

をひきおこす．

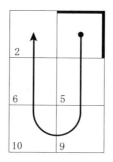

図 5.9

つぎに $1, 2, 3, 5, 6, 7$ の席を使って順にまわして，ピース $[3], [1], [5], [9]$ を右上の 4 マスに田の字に集める．このときに得られた置換を τ' とする．実際には $\tau' = \begin{pmatrix} 1 & 2 & 3 & 5 & 6 & 7 & 9 & 10 \\ 5 & 7 & 2 & 1 & 10 & 3 & 6 & 9 \end{pmatrix}$ である．

(ろ 1) の作業 σ は簡易バージョンと同じである．よって

(は 1)　$\tau'^{-1} \sigma \tau'$ によって

$$(***) \quad \begin{aligned} [3] &\longrightarrow [9] \\ [9] &\longrightarrow [5] \\ [5] &\longrightarrow [3] \end{aligned}$$

という入れ替えが得られた。このとき,「ちょうちょ」は花の上にとまり,煙突のけむりもなびかない。しかし,実際には [3] と [9] が入れ替わったのではなく,もう 1 つの無地のピース [5] を用いて 3 の席に送り込んでいるのである!

以上で,懸案は解決したが,ここで少しむずかしい考察をしてみる。上に述べたように,15 ゲーム置換は偶置換であった。それでは,

  どのような 2 から 16 までの 15 文字の偶置換も 15 ゲーム置換として
  実現できるのだろうか?

という疑問が生じてくる。実は,確かにどんな 15 文字の偶置換も 15 ゲーム置換になるのである。すなわち,

定理 5.2 15 ゲームでつくられる図柄の全体は 15 次交代群と同一視される。

どのようにしたらこの主張が確かめられるかを,考え方だけ紹介しておこう。
  上の (い), (ろ), (は) の操作によって,3 文字の巡回置換 (3 5 2) が得られたが,同様の方法で,すべての 3 文字の巡回置換が 15 ゲーム置換として実現できる。そして,

定理 5.3 "どんな偶置換も 3 文字の巡回置換のいくつかの積として表わせる"

ことが示せる。こうして,上の定理の主張が示されるのである。

†††††

"…" を示すと,少しだけ数学の領域に入った置換群の構造論になるので,一般の読者は飛ばして構わないが,つぎのように議論する。まず偶置換 σ を考え,これを偶数個の互換の積

$$\sigma = p_1 p_2 \cdots p_n$$

に表わしておく。ここで $p_1 p_2$ を見るが,$p_1 p_2 = (1\ 2)(2\ 3)$ のように共通の文字 (いまの場合 2) があれば $p_1 p_2 = (1\ 2\ 3)$ となり,これは 3 文字の巡回

置換である．つぎに $p_1 p_2 = $ (1 2)(3 4) のように共通の文字がなければ

$$(1\ 2)(3\ 4)(1\ 2\ 3) = (2\ 4\ 3)$$

という等式が成り立つことに注意して，この両辺に右から (3 2 1) を施して
やると

$$(1\ 2)(3\ 4) = (2\ 4\ 3)(3\ 2\ 1)$$

が得られ，これは 3 文字の巡回置換 2 つの積である．このように互換 2 つ
ずつを 3 文字の巡回置換に書き換える操作を続けて，σ は 3 文字の巡回置換
達の積に書けるのである．

†††††

ここで ♣…♣ で述べた主張の証明を与えておく[1]．

†††††

♣♣ の判定法は，以下のようにして証明される．

(i) 　互換 (i, j) の転移数は $(j-i)+(j-i-1)$ でつねに，奇数である（$i <$
j としている）．実際，$(i, i+1), \cdots, (i, j-1), (i, j)$ および $(i+1, j), \cdots, (j-$
$1, j)$ が転移のすべてである．2 つの置換 σ, τ の積 $\tau \circ \sigma$ の転移の数を求めて
みる．σ によって生じる転移の数を p，τ によって生じる転移の数を q とし
ておく．σ を行って得た組 $(\sigma(i), \sigma(j))$ すべての集合 X を考え，その元の総
数を $N\left(= \dfrac{n(n-1)}{2}\right)$ としておく．

X の中で σ の非転移でしかも τ を施すと転移となるものの数を t とする．
$\cdots$ (a)

すると，X の中で σ の転移でしかも τ の転移であるものの数は $q - t$ で
ある．したがって，

X の中で，σ の転移でしかも τ の非転移となるものの数は $p - (q - t)$ で
ある．　$\cdots$ (b)

$\tau \circ \sigma$ の転移は，(a) または (b) で現れ両者に共通の元はないから

---

[1] 理解がむずかしいと感じる読者はとばして構わない．

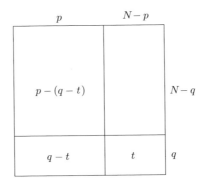

(ii) $\tau \circ \sigma$ の転移の総数は $t + p - (q - t)$ であり，その偶奇は $p + q$ のそれに等しい．

(i), (ii) から，一般に，置換 σ を互換何個かの積に表示したとき，その数が一つ増すごとに偶奇が反転することが分かる (τ として，付け足す互換を考えよ)．これは，置換 σ の表示に用いた互換の数の偶奇が，転移の個数の偶奇に一致することを示している．以上で，この判定法が正しいことが証明された．

なお，この議論のより視覚的な説明を 6 章で与える．

†††††

演習 5

[1] 以下の正 4 面体群の置換が偶置換であることを，(♣) の判定法で確かめよ．

$$P(T \circ S) = \begin{pmatrix} 1 & 2 & 3 & 4 \\ 3 & 2 & 4 & 1 \end{pmatrix}$$

$$P(T^2 \circ S) = \begin{pmatrix} 1 & 2 & 3 & 4 \\ 2 & 4 & 3 & 1 \end{pmatrix}$$

$$P(T^2 \circ S \circ U) = \begin{pmatrix} 1 & 2 & 3 & 4 \\ 3 & 1 & 2 & 4 \end{pmatrix}$$

[2] 本文中の主張

「2 つの n 文字の置換 σ, τ に対して

$$\mathrm{sign}(\tau \circ \sigma) = \mathrm{sign}(\tau)\mathrm{sign}\,(\sigma)$$

が成り立つ」

を証明せよ (本文中のヒントを参照).

第 6 章

いつかもとにもどってしまう数学 ： 合同式

ピタゴラスは偶数と奇数の性質の違いに着目して数の偶奇を考察した最初の人だといわれている．

定義 6.1 自然数 n を与えて固定する．2 つの整数 a, b に対し，$a - b$ が n の倍数になるとき，

　a と b は n を法として合同である

といい，

$$a \equiv b \pmod{n}$$

と書く．

いい換えると，この記号は a を n で割ったときの余りと，b を n で割ったときの余りが一致することを意味している．

これによれば，偶数は

$$a \equiv 0 \pmod{2}$$

となる数 a のことであり，奇数は

$$a \equiv 1 \pmod{2}$$

となる数 a のこととなる．したがって，数の偶奇を考えるときには，代表である 0, 1 だけを扱えばよい．そして，「奇数 ＋ 奇数は偶数」という事実は

$$1 + 1 \equiv 0 \pmod 2$$

という式で表現される.

　つまり 1 と 1 を足すと 0 にもどってしまう世界を数学的につくりだしているのである. このような合同式の考え方は, ごく自然にわれわれの日常に現われてくる. たとえば, 2 月 14 日はバレンタイン・デーだとか, 12 月 14 日は赤穂浪士討ち入りの日だとか, 7 月 14 日はフランス革命の記念日 (パリ祭) だとか, 10 月 28 日はわたしの結婚記念日だとかいったりするのは, 人が 365 (日) を法として合同という考えを自然に持っているからである. ここではこのような考え方を数学する.

　第 5 章命題 5.1 置換の性質 (ii), として n 文字の置換 σ の偶奇を論じたが, ここでその補足の説明を行なう.

　第 5 章ですでに転位というものを考えた. すなわち, 2 つの文字 i, j について $\sigma(i), \sigma(j)$ の大小が i, j の大小と比べて逆転しているとき, すなわち, $(i - j)(\sigma(i) - \sigma(j)) < 0$ のとき, この組 i, j は転位であると定めた. また, σ における転位の総数を転位数とよぶ. たとえば 4 文字の置換

$$\sigma = \begin{pmatrix} 1 & 2 & 3 & 4 \\ 3 & 1 & 2 & 4 \end{pmatrix}$$

の転位を, 図 6.1 のように 4×4 の正方形の右上だけを用いて, 組 (i, j) が転位であるか否かにしたがって, 対応するマス目にそれぞれ 1, 0 を記入した表がつくれる. これを σ の転位表とよぼう. この表の転位の総数が偶数か奇数かによって, σ の偶奇が定まるのである.

（i）　互換の転位数は奇数である.

　実際, これは図 6.2 の転位表から $2(j - i) - 1$ 個の転位を生じることから分かる.

（ii）　σ の転位数は σ^{-1} の転位数と一致する.

　これは (i, j) が σ の転位 $\Longleftrightarrow$ $(\sigma(i), \sigma(j))$ が σ^{-1} の転位となることから明らか.

（iii）　2 つの n 文字の置換 σ, τ に対して

　　　　$\tau \circ \sigma$ の転位数 $\equiv \tau$ の転位数 $+ \sigma$ の転位数　$\pmod 2$.

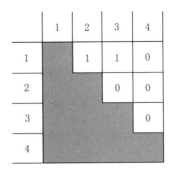

図 6.1

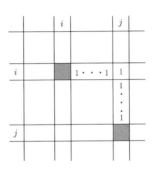

図 6.2

これは，例として

$$\sigma = \begin{pmatrix} 1 & 2 & 3 & 4 & 5 \\ 3 & 2 & 4 & 1 & 5 \end{pmatrix}, \quad \tau = \begin{pmatrix} 1 & 2 & 3 & 4 & 5 \\ 3 & 2 & 4 & 5 & 1 \end{pmatrix}$$

を考え，図 6.3 のような σ, τ の転位表を並べて，両者の対応するマスの数どうしを足せば $\tau \circ \sigma$ の転位表ができることから納得できるはず．

このとき，(i,j) が σ の転位で，さらに $\sigma(i)$, $\sigma(j)$ が τ の転位ならば，(i,j) が $\tau \circ \sigma$ の転位でなくなっていることから，1 と 1 の重なるマスでは 0 となることに注意しよう．

(iv) σ を互換の積に表わしたとき，

$$\text{用いた互換の数} \equiv \text{転位数} \pmod{2}$$

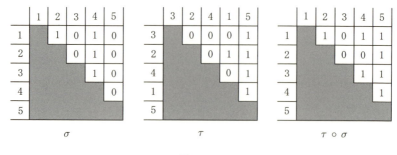

図 6.3

となる．

このことは，(i) と (iii) から明らかである．たとえば，互換 2 つの積の場合，おのおのの互換の転位数は奇数ゆえ，この積は (iii) によって転位数が偶数になる．

以上によって，1 つの置換を互換の積に表わすやりかたは何通りもあるが，表示に用いた置換の数の偶奇は転位数の偶奇と一致していて，表わし方にはよらないことが分かる．したがって，用いた互換の数の偶奇にしたがって偶置換，奇置換が定まる．

このようにして，置換の考察に 0 と 1 のみで行なわれる演算を用いると，置換の偶奇の概念が明確になる．諸君が明確に理解できたと信じる．

以上が，第 5 章命題 5.1 の置換の基本性質 (ii) のくわしい説明である．

さて，n 文字の置換をすべて集めた集合を n 次対称群とよび $\mathfrak{S}_n$ で表わした，その中で偶置換はちょうど半数あるのだった．偶置換どうしの積は，定義によって再び偶置換となる．n 文字の偶置換全体を n 次交代群とよび $\mathfrak{A}_n$ で表わした．n 次交代群の要素どうしは，置換の積をつくったとき，その n 次交代群という枠の外にははみださない．このような性質を"積に関して閉じている"ということがある．このように，n 次対称群の部分集合で，積に関して閉じているものを置換群とよぶのである．

交代群という対象は，私達のこれまでの考察の中で二度現われた．まず，正 4 面体群が 4 次交代群と見なされたのだった．また，15 ゲームによって得られる図柄 1 つ 1 つは，それぞれ，第 5 章で説明した考えによって 15 文字の置換 (15 ゲーム置換) と対応するが，それは必ず 15 文字の偶置換，す

なわち 15 次交代群の元となっていた. さらにくわしい考察をすれば,

15 ゲームのルールにしたがって得られる図柄は, ある偶置換に対応
し, 逆にどのような偶置換に対応する図柄も, 15 ゲームのルールにし
たがってつくることができる.

つまり, 簡単ないい方をすると,

命題 6.1 15 ゲームでできる図柄すべての集合は, 15 次交代群と見なさ
れる

ことを第 5 章で述べたのだった.

今日, 私達の社会はコンピュータ社会とよばれたりするが, コンピュータ
は, 論理機構としては, この 0 と 1 の演算をもとにして構成されている. そ
の一例として, すべての自然数を 2 進法によって 0 と 1 のみを用いて表わ
すことができるが, コンピュータではそのようにすべてのデータをそれと同
じ原理で扱っているのである.

ふつう私達が見慣れている 10 進法で表わされた数, たとえば 31708 とい
う数は

$$3 \times 10^4 + 1 \times 10^3 + 7 \times 10^2 + 0 \times 10 + 8$$

という 5 つの数の和を表示したものである. ここでは, この繰り上がりの規
準を 10 という数の代りに 2 にしてみる. たとえば, (10 進法で表わした)
26 は

$$26 = 1 \times 2^4 + 1 \times 2^3 + 0 \times 2^2 + 1 \times 2 + 0$$

と表わせる. このことを

$$26 = 11010$$

(もし, どうしても 2 進法で表わしていることを明示するときは $(11010)_2$)
と表わすことにする.

アルファベットは A から Z まで 26 文字あるが, これらを順番にすべて
5 桁の 2 進表示で表わしておく. たとえば A は 00001, F は 00110 という

76　第 6 章　いつかもとにもどってしまう数学：合同式

ふうに．すると

$$100110000100100$$

は 5 桁ごとに区切って 3 つのアルファベット "SAD" を表わすことになる．
このように一定の文字を用いた文章を 0 と 1 のみを用いたデータに変換する
ことができる．このような変換を符号化，コード化とよぶのである．

　最初にもどって合同式の性質を挙げておこう．

命題 6.2

$a \equiv a' \pmod{d}$, $b \equiv b' \pmod{d}$ ならば，$a + b \equiv a' + b' \pmod{d}$,
$a \equiv a' \pmod{d}$, $b \equiv b' \pmod{d}$ ならば，$ab \equiv a'b' \pmod{d}$.

　1 以上の整数のことを自然数とよび，自然数全体の集合を $\boldsymbol{N}$ で表わす．2
以上の自然数で 1 と自分自身の他には自然数の約数をもたないものを素数と
いう．素数でない 2 以上の自然数を合成数という．

　定理 6.1　2 以上の自然数は，素数の積として表示の順序を除けば，ただ
1 通りに表わされる．

　定理 6.2　素数は無限個存在する．

　[**ユークリッドによる定理 6.2 の証明** (背理法による)]　素数が有限個しか
なかったとしよう．それらを列挙して

$$p_1, p_2, \cdots, p_n$$

とする．これらを用いて

$$N = p_1 p_2 \cdots p_n + 1$$

という数をつくる．

　N は p_1, p_2, $\cdots$, p_n のどれよりも大きいから仮定によって合成数である．
よっていずれかの素数を因数にもつ．すなわちどれかの p_i $(i = 1, \cdots, n)$ で
割り切れなければならない．

　しかし，

$$N \equiv 1 \pmod{p_1}$$

であるから p_1 では割り切れない. 以下, つねに

$$N \equiv 1 \pmod{p_i} \quad (i = 1, 2, \cdots, n)$$

となって, どの p_i でも割り切れない. これは矛盾である. よって素数は無限個存在する. □

命題 6.3 p, q は相異なる素数とする. このとき 2 数 x, y に対して

$$x \equiv y \pmod{pq} \text{ ならば} \begin{cases} x \equiv y \pmod{p} \\ x \equiv y \pmod{q} \end{cases}.$$

また, つぎも成立する.

命題 6.4 (中国式剰余定理) p, q は相異なる素数とする. また, m, n を与えられた整数とすると

$$\begin{cases} x \equiv m \pmod{p} \\ x \equiv n \pmod{q} \end{cases}$$

を同時にみたす整数 x が pq を法としてただ 1 つ定まる.

注意 6.1 p, q を相異なる素数とすると, どのような整数も適当に整数 a, b を選べば $ap + bq$ の形に表わせる.

この注意がどのようなことを主張しているかを, 例で確かめる.

例 6.1 $p = 5$, $q = 13$ とし, $n = 28$ を取ると, $28 = 3 \times 5 + 1 \times 13$ と書ける. n を 31 にすると $31 = 1 \times 5 + 2 \times 13$ となり, n としてそれ以外のどんな数を取っても, このように表わせるのである.

この注意 6.1 を認めて, 命題 6.4 の実例を挙げよう.

78   第 6 章　いつかもとにもどってしまう数学：合同式

例 6.2

$$x \equiv 6 \quad (\text{mod } 13)$$

$$x \equiv 1 \quad (\text{mod } 7)$$

をみたす x は 91 を法としてただ 1 つ定まる.

解. 注意にしたがって $x = 7a + 13b$ とおき, a, b を求める. 条件から,

$$x \equiv 7a + 13b \equiv 6 \quad (\text{mod } 13)$$

だが, もちろん

$$7a + 13b \equiv 7a \quad (\text{mod } 13)$$

ゆえ,

$$7a \equiv 6 \quad (\text{mod } 13).$$

これを解くと $a \equiv -1 \ (\text{mod } 13)$ を得る. 同様に, 第 2 の条件から

$$13b \equiv 6b \equiv 1 \quad (\text{mod } 7)$$

となり, これを解いて $b \equiv -1 \ (\text{mod } 7)$ を得る. 以上から

$$x \equiv 7 \times (-1) + 13 \times (-1) = -20 \equiv 71 \quad (\text{mod } 91)$$

が答.

演習 6

[1]　つぎの置換について, 転位表を完成して転位数 t を計算し, 置換の偶奇を決定せよ.

$$\sigma_1 = \begin{pmatrix} 1 & 2 & 3 & 4 & 5 \\ 3 & 5 & 4 & 1 & 2 \end{pmatrix} \quad t = \quad \text{偶} \quad \text{奇}$$

$$\sigma_2 = \begin{pmatrix} 1 & 2 & 3 & 4 & 5 \\ 5 & 4 & 3 & 2 & 1 \end{pmatrix} \quad t = \quad \text{偶} \quad \text{奇}$$

[2]　37 を 2 進法で表示せよ.

[3] 2進法で表わされた数

$$110011$$

は何か？　普通の 10 進法で答えよ.

[4] 合同式

$$\begin{cases} x \equiv 3 \quad (\mathrm{mod}\ 5) \\ x \equiv 4 \quad (\mathrm{mod}\ 11) \end{cases}$$

をみたす x はどのような数か答えよ.

第7章

現代暗号システムと合同式

7.1 まえおき

この章は 1994 年に書かれた文章に基づいている．数学固有の分野ではない応用分野では，13 年という歳月の間に様相が大きく変わるということがよく分かる．しかし，暗号システムを支えている基礎理論自身は今でも有効である．少々時代遅れの記述もあるが，時代の変遷と理論の展開の移り変わりを知る意味で，あえてそのままの説明を残し，章末にその後の変化について触れることにした (さらに第 2 版 (2017 年) に際してコメントも加えた)．

7.2 現代暗号系 (**RSA** 暗号系) と合同式

今日の社会は情報化社会といわれ，非常に多くの情報が送り出されている．それとともに，特定の通信者間での，外部に内容が漏れないでしかも確実な通信手段の必要も高まっている．以下の文章は，今年 (1994 年) 7 月 29 日の朝日新聞の記事の要約である：

米クリントン政権は「ネットワーク社会でのプライバシーを守るため」として，新しい暗号装置を提案したが，この暗号を解くマスターキーを政府が持つという条件をつけたために，民間団体から反対運動が起きている．この装置はクリッパーチップとよばれ，主に電話の音声を暗号化するためのソフトを焼き込んだ集積回路 (IC) によってできてい

る．これを電話機につければネットワークを流れる信号は暗号化され
て，意味不明となり，キーになる変換装置をいれて初めて意味が回復
する．アメリカでは，現在国家の情報通信には標準暗号方式「DES」
を採用しているが，その機密の安全性に疑問の声が出ており，次世代
の方式「クリッパー」への移行が計画されている．政府は，必要な際
に盗聴ができるよう，商務省，財務省に 2 つに分けたマスターキーの
ひとつずつを持たせ，裁判所の許可で，この 2 つを合せることを計画
したが，その計画が事前に民間に漏れて「"政府がマスターキーを持っ
た公式暗号装置" は，市民の自由に対する脅威だ」という声が上がっ
ているのである．

このような，情報の機密保持のさまざまな方法は古代から考えられていた．
ローマ時代にすでにいくつかの暗号通信の手段が発案されており，ユリウス・
カエサル (ジュリアス・シーザー) は

$$a \longrightarrow d, \quad b \longrightarrow e, \cdots$$

のようにアルファベットを順にずらす暗号文を考えだしたといわれている．

現代社会では，このような暗号についての研究が，暗号理論という情報科
学の一分野にまでなろうとしている．1 つの暗号システムは，原文を暗号文
に変換する方法 (暗号化) と，暗号文から原文にもどす方法 (復号) によって
構成される．このような暗号システムは，限定された通信者間で確実に情報
が交換され，それ以外には交換された情報の中身が解読できないようなシ
ステムである．1 つの暗号システムにおいては，通常いくつかのパラメータ
(キー) によって暗号化が定められる．シーザーの暗号システムの場合には，
アルファベットを "3 つ" ずらすわけで，この 3 がその際のパラメータ (す
なわちキー) の値である．

多くの場合，暗号システム自体は通信者以外の外部にも知られていて，パ
ラメータが特定の通信者にのみパスワードのようにして知らされるのである．

たとえば，プロ野球のバッテリー間のサインの交換や，ベンチからの指令
も一種の暗号通信である．その暗号システム自体は簡単だが，パラメータを
頻繁に変更されるので，なかなか相手チームに分からないのである．しかし，

82　第 7 章　現代暗号システムと合同式

簡単な暗号システムの場合，いくつかの原文と暗号文の照合からパラメータが割り出せる．

　今日では，重要な機密情報を安全に送信するために，精密な暗号理論が必要とされるようになっている．そのような高度な暗号システムは「公開鍵暗号システム」とよばれ

（ i ）　暗号化する操作は簡単だが，解読 (すなわち復号) はあるキー (秘密鍵) を手に入れなければ見つからない．

（ ii ）　キーを通信相手に知らせる場合．2 重のキーの一方のみ (公開鍵) が送信され，通信のテキストが外部に漏れても，それだけではただちに暗号文の解読はできない．

という仕組みになっている．

　(i) でいっている，"暗号変換は簡単だが，暗号逆変換を見つけるのがむずかしいシステム" の簡単な例を説明しよう．

モデル暗号システム 1

　まず，アルファベット 26 文字と，ピリオッド，"?" の計 28 文字を用いることにし，これらの文字を順に 1 から 28 の番号で表わして原文テキストを書く．この操作をコード化とよぶ．

$$
\begin{array}{lllll}
A = 1 & B = 2 & C = 3 & D = 4 & E = 5 \\
F = 6 & G = 7 & H = 8 & I = 9 & J = 10 \\
K = 11 & L = 12 & M = 13 & N = 14 & O = 15 \\
P = 16 & Q = 17 & R = 18 & S = 19 & T = 20 \\
U = 21 & V = 22 & W = 23 & X = 24 & Y = 25 \\
Z = 26 & . = 27 & ? = 28 & &
\end{array}
$$

　つぎに，あるパラメータ k を選んで，各番号を k 倍して 29 を法として現われた番号に変換する．これが，いま考えている暗号変換である．たとえば，「YES」という原文を考える．原文をコード化すると

$$\text{YES} \longrightarrow 250519$$

となる．ここでキーとして $k = 18$ を定め，コード化された原文をを暗号化して

$$25 \quad \longrightarrow \quad 25 \times 18 = 450 \equiv 15 \quad (\text{mod } 29)$$
$$5 \quad \longrightarrow \quad 5 \times 18 = 90 \equiv 3 \quad (\text{mod } 29)$$
$$19 \quad \longrightarrow \quad 19 \times 18 = 342 \equiv 23 \quad (\text{mod } 29)$$

を得る．$15 = \text{O}$，$3 = \text{C}$，$23 = \text{W}$ ゆえ，暗号文「OCW」が得られる．これを解読するにはどうしたらよいだろうか？　一般にこの暗号文に現われた番号を n とすると，原文で対応する番号 x はもちろん

$$18x \equiv n \quad (\text{mod } 29) \tag{7.1}$$

の関係にある．この式から x を求めるのはそんなにやさしくない．基本的には

$$18\alpha \equiv 1 \quad (\text{mod } 29) \tag{7.2}$$

となる数 α (つまり，法 29 での 18 の逆数) を求めて (7.1) の両辺に掛けると

$$\alpha 18x \equiv x \equiv \alpha n \quad (\text{mod } 29)$$

となって，x が求まる．いまの場合 (7.2) の解は $\alpha = 21$ で与えられる (実際 $18 \times 21 = 378 \equiv 1 \ (\text{mod } 29)$ である).

　したがって，この場合 $\alpha = 21$ が解読のためのキーになる [1].

モデル暗号システム 2

　つぎに，これを一段複雑にしたシステムを考える．今度は通信原文のアルファベットを 2 つずつ組にして "辞書式" に順番をつける．このとき，29 の倍数と 31 の倍数を飛ばして番号をつける．したがって，

---

[1]　ダメ押しの感があるが，21 を用いて暗号文 OCW= 15,3,23 を解読する．

$$15 \times 21 = 315 = 10 \times 29 + 25 \equiv 25 \quad \text{mod } 29 = \text{Y}$$
$$3 \times 21 = 63 = 2 \times 29 + 5 \equiv 5 \quad (\text{mod } 29) = \text{E}$$
$$23 \times 21 = 483 = 16 \times 29 + 19 \equiv 19 \quad (\text{mod } 29) = \text{S}$$

となって 21 倍すると，OCW $\rightarrow$ YES という解読ができる．

84　第 7 章　現代暗号システムと合同式

$AA = 001$　$AB = 002$　$\cdots$　　　$AZ = 026$　$A. = 027$　$A? = 028$

$BA = 030$　$BB = 032$　$BC = 033$

$B? = 059$　$CA = 060$　$CB = 061$　$CC = 063$　$CD = 064$　$CE = 065$

$C? = 088$　$\cdots$

$D? = 117$　$\cdots$

$E? = 146$　$FA = 147$　$\cdots$

$\cdots$

となり，たとえば "FACE" はアルファベットの組 FA と CE とをそれぞれ番号化して "147,065" となる．これを暗号化するが，そのとき各組をある数 k 倍して法 $29 \times 31 = 899$ で考える．ただし，このときの k は 899 以下で 29 でも 31 でも割り切れない数に取っておく．

いま $k = 18$ とすると

$$147 \times 18 = 2646 \equiv 848 \quad (\bmod\ 899)$$

$$065 \times 18 = 1170 \equiv 271 \quad (\bmod\ 899)$$

となり，"848,271" が暗号テキストになる．この暗号を解読するためには

$$18 \times \beta \equiv 1 \quad (\bmod\ 899) \tag{7.3}$$

となる β を求めて，この暗号テキストに β を掛ければよい．この β を求めるのはそんなにやさしくないが，努力すると $\beta = 50$ が分かる．実際やってみると

$$50 \times 18 = 900 \equiv 1 \quad (\bmod\ 899)$$

である．

††††††

このような暗号変換が定まることの基礎には，つぎの事実がある．

29 でも 31 でも割り切れない数すべての集合を A とする．これらの数を法 $899 = 29 \times 31$ でいつも考えることにしよう．1 から 899 までの間に 29 の倍数は 31 個，31 の倍数は 29 個あり，そのうち 0 は両方で重複して数えているので，計 59 個の数が除かれて，集合 A は 840 個の元からなる．数

学用語では A を法 899 に関する既約剰余類という.

　この集合 A は乗法に関して閉じている. すなわち, A の 2 つの元 x, y を取るとその積 xy もまた A に属する. したがって, A の元 k を 1 つ固定して, A の各元 x に kx を対応させてゆくと, 集合 A の元達の入れ換え (置換) を生じるのである.

†††††

　この第 2 のシステムのむずかしさは, (7.3) が (7.2) に較べて, 法が大体 2 乗の大きさだからである. しかし, $899 = 29 \times 31$ という因数分解を知っているなら, $\beta = 29 \times p + 31 \times q$ の形に置いて

$$18 \times (29p + 31q) \equiv 8 \times 31q = 558q \equiv 7q \equiv 1 \quad (\text{mod } 29)$$

$$18 \times (29p + 31q) \equiv 18 \times 29p = 522p \equiv 26p \equiv 1 \quad (\text{mod } 31)$$

という小さな法での連立合同式に帰着させることができる.

　このような方式を実際に用いるときには, 29×31 のような小さな素数の積ではなく, 数十桁の巨大な素数 2 つの積を利用する.

　いずれにしても, このようなシステムでは暗号化のパラメータ k (この例では $k = 18$ だった) が漏れても, そのままでは暗号テキストは解読されず, $899 = 29 \times 31$ という因数分解を知ることが解読のためのキーになる. そして, 大きな桁の数の因数分解を実際に実行するのはコンピュータでも困難になってくる. そのために, 因数分解の方法を間接的に相手に伝える予備の応答が重要になる. そのような部分を取り出したゲームをつぎに説明しよう.

モデル・ゲーム

　このゲームの基礎となるのは, つぎの事実である.

　(い)　120 桁程度の数を因数分解することは, 現代のコンピュータでも莫大な時間がかかり, ほとんど不可能である.

　(ろ)　120 桁程度の数 d を法として 2 次合同式

$$x^2 \equiv a \quad (\text{mod } d)$$

を解くことは, 現代のコンピュータでも時間がかかりすぎてできない.

　(は)　60 桁程度の素数 p を法とする 2 次合同式

$$x^2 \equiv a \pmod{p}$$

は現在のコンピュータで十分解を見つけることができる.

さて,コンピュータでじゃんけんをすることを例にして,このゲームを実行してみる.たとえば … 離れた 2 つの都市にいる,地域紛争の当事者 X 師と Y 殿下が秘密の会談をしたい,どっちの都市でやるかを,第三者に知られずに公平な方法で決定したい.どうするか?

X 師は,たとえば 221 という数を Y 殿下に送る.この数は実は 221 = 13 × 17 という 2 つの素数の積である.しかし Y 殿下はその分解を知らない.Y 殿下がこの数を因数分解するためにはある情報が必要になる.そこで,X 師は 2 つある補助の情報の一方だけを Y 殿下に送るのだが,そのどちらかが Y 殿下にとって役に立つもので,他方は役に立たない.しかし,X 師はどちらが Y 殿下が必要としているのかを知らない.このような情報をもとにして因数分解を Y 殿下が見つけたら Y 殿下の勝ち,だめなら X 師の勝ちとする.この勝者が指定する場所で会談を行なうものとしよう.

ゲームは以下のように進行する.

Y 殿下は受け取った数 221 以下の適当な数,たとえば 33 を選び 2 乗し,

$$33^2 = 1089 \equiv 205 \pmod{221}$$

の剰余 205 を送り返す.2 次合同式

$$x^2 \equiv 205 \pmod{221} \tag{7.4}$$

には,33 の他に符号違いとなるものを除いてもう 1 つ解があるが,それはむずかしくて分からない.剰余 205 を受け取った X 師は,因数分解 221 = 13 × 17 を知っているから,この合同式 (7.4) を

$$\begin{cases} x^2 \equiv 205 \equiv 10 \pmod{13} \\ x^2 \equiv 205 \equiv 1 \pmod{17} \end{cases}$$

に分解して考えることができる (第 6 章に出てきた中国式剰余定理の考え方である).

前に演習でやった方法でこの連立合同式は解ける.実際に解いてみると,答:$x \equiv 6, 7 \pmod{13}$, $x \equiv 1, -1 \pmod{17}$ を得る.

したがって，(7.4) の解は $\pm$ の符号を除くと，合同方程式

$$\begin{cases} x \equiv -1 \pmod{17} \\ x \equiv 7 \pmod{13} \end{cases}$$

と

$$\begin{cases} x \equiv -1 \pmod{17} \\ x \equiv 6 \pmod{13} \end{cases}$$

とから得られる (上の式の右辺の正負の符号を逆にした式から符号違いの解が出てくる).

　こうして X 師は，前者からは $x = 33$ が，後者からは $x = 84$ を得る.このうちの一方が Y 殿下の使った数である．だが，X 師にはそれがどっちか分からない．分からないままこのどっちか，たとえば $x = 84$ を Y 殿下に送る．受け取った Y 殿下にとって，これは (7.4) の分からなかったもう 1 つの解である．Y 殿下は早速以下の作業を開始する: (7.4) の 2 つの解 $x_1 (= 84)$, $x_2 (= 33)$ によって

$$x_1^2 \equiv 205 \pmod{221}$$
$$x_2^2 \equiv 205 \pmod{221}$$

が成り立つから，辺々を引き算して

$$x_1^2 - x_2^2 \equiv (x_1 - x_2)(x_1 + x_2) \equiv 0 \pmod{221}$$

となり，これから $x_1 - x_2$ と $x_1 + x_2$ の積は 221 の倍数であることが分かり，さらに $x_1 + x_2 = 117$ は 221 の倍数ではないので，$x_1 - x_2 = 51$ のほうにも 221 の因数が含まれていることが分かる．$x_1 - x_2 = 51$ は小さな数なので，因数分解 $51 = 3 \times 17$ が容易に見つかり，3 は 221 の因数ではないので，221 の因数 17 が発見される！

　このようにして Y 殿下が勝ったので，秘密の和平会談は Y 殿下のいる町で行なわれることになる.

　もし，X 師が得た解のもう一方 33 を Y 殿下に送ったとすると，このとき Y 殿下には (7.4) の第 2 の解が分からないので，このようにして 221 の因

88　第 7 章　現代暗号システムと合同式

数を見つける手掛かりが何も与えられず，X 師の勝ちとなる．このようにして公平なじゃんけんが暗号通信の形をとって行なえるのである．

7.3　現時点 (2008 年) でのコメント

ここで解説した暗号系は RSA 暗号系とよばれる．その基礎にはフェルマーの小定理と合成数を法とする 2 次合同方程式という初等整数論がある．詳しい解説はしなかったが，それには一通りの初等整数論の学習が必要になるからである．一応の自己完結した解説は拙著『数学おもちゃ箱』第 1 章に書いた．

1994 年の文章に現時点での暗号理論を加味すべき点は，

（1）　ここで解説した RSA 暗号系の安全性が，考える法 d のサイズを 512 ビット程度 (150 桁程度) にして保証されていたのが，理論的，技術的進歩によって暗号への攻撃がレベルアップされ，現在では 1024 ビット (300 桁以上) に変更されていること．(この 1024 ビットは，2016 年の段階では，2048 ビットに引き上げられている)

（2）　これによって RSA 暗号自身が重いシステムになると同時に，その安全性も危惧されるようになったこと．

（3）　それにしたがって，より安全な暗号システムが必要となり，高度な数学的理論を基礎とする楕円曲線暗号が実際に使われ出していること．

の 3 点である．将来的には楕円曲線暗号の先にあるシステムの研究が必要であろうということである (伊豆哲也氏のテキストによる)．

演習 7

本文のモデル暗号システム 1 において，暗号文「T I」を解読せよ ($T = 20,\ I = 9$ のおのおのにキー $\alpha = 21$ を掛けてみよ)．

文献 7

[7.1]　N. コブリッツ『数論アルゴリズムと楕円暗号理論入門』(櫻井幸一訳)，シュプリンガー東京，1997. (N. Koblitz *"A Course in Number Theory and Cryptography"*, Springer Graduate Texts in Mathematics 114 (1987).)

[7.2] N. Koblitz, Algebraic Aspects of Cryptography, Springer ACM series 3 (1998).

[7.3] 志賀弘典『数学おもちゃ箱』第 1 章：数論と現代暗号理論，日本評論社，1999.

[7.4] I. ピーターソン『現代数学ワンダーランド』(奥田晃訳)，新曜社，1990.

[7.5] サイモン・シン『暗号解読―ロゼッタストーンから量子暗号まで』(青木 薫訳)，新潮社，2001.

[7.6] 伊豆哲也「暗号理論と代数曲線論はなぜつながっているか？(楕円曲線暗号入門)」，2006 年千葉大学サマースクール：「高校生のための現代数学案内」講義テキスト (非売，非公開).

[7.7] 伊豆哲也「楕円曲線暗号入門」，数学セミナー，2007 年 7 月号.

第8章

デカルトとパスカルの世紀 前編

8.1 デカルトの数学観

17世紀，デカルトやパスカルらによって近世数学が方法論的に確立された．それは，単に数学のみではなく，近代的自我の概念が見いだされ，人間一人一人が自分の精神の主宰者になるという意味の"自由"が生み出された時代である．後者は哲学の議論になるのでここでは詳しく述べない．前者の，数学が"方法論的に確立された"ということが，どのような意味か，以下で具体的に説明したい．

デカルト (Descartes, 1596-1650) はフランス人文主義時代に登場した哲学者，数学者，自然科学者で，彼の発見した命題「私は考える，ゆえに私は存在している」(Je pense, donc je suis.) で名高い．当時の神学的哲学は，多くの論拠を積み重ねて作られた過去の知識のつぎあわせのようなものであったが，そのような蓋然的真理は，ただ一人の人間の理性が論理的に思考して到達した真理には及ばない，ということを端的に言い下した言葉であった．

これが，近代19世紀へとつながる人間理性への過剰なまでの信頼，および，知的主宰者としての個人の人格の確立，の端緒を与えたのである．同時にデカルトは，幾何学を座標計算に還元する方法を提示し，解析幾何学の創始者とも言われる．

ファルツ選帝侯の王女エリーザベトは学問好きで美貌の姫君だった．しかし，神聖ローマ帝国皇帝選挙管理の権利を有する七選帝侯（マインツ大司教，トリアー大司教，ケルン大司教，ボヘミア王，ライン宮中伯，ザクセン公，

ブランデンブルグ辺境伯）の一人であった父ファルツ選帝侯（ライン宮中伯）フリードリッヒは，ドイツ 30 年戦争（1618 - 1648，プロテスタントとカソリックとの宗教対立による，ヨーロッパ諸国を巻き込んだドイツの内戦）で新教派の総帥であったが，緒戦で破れて王位を失い，ハイデルベルクの居城を追われて一家は流浪する身となった．かろうじて身寄りを頼りオランダのハーグで館住まいする領民のいない王家となったが，王女は 20 歳過ぎまでその地で学問にいそしんだ．折から，当時最高の知性と名高かったデカルトはアムステルダムでひっそりと暮らしつつ，一種の学問的インターネット組織の中枢であったメルセンヌ神父と連絡を保ちつつ，ヨーロッパ各地にその著作を通じて自らの思想を発信していた．

エリーザベトはデカルトの哲学に傾倒し，彼を王宮に招いて質疑を交わし，さらに多くの議論を書簡によって展開している．王女 24 歳，デカルト 46 歳の時から，デカルトの 53 歳での死によって突然途絶えるまで 7 年間の往復書簡は計 60 通に達していた．

書簡の話題は多岐に亘り，王女の疑問への返信の形で，デカルトの思索が具体的な日常生活とどのように連続しているかが，王女の日常の問題を通じて語られている．当時の実証性を欠いた自然科学的知識の議論も散見され，王女はそのような箇所では鋭く異議を唱えて追求し迫力ある往復書簡となっている．その中で数学の具体的な議論を展開しているものが 3 通ある（第 6，第 7，第 8 書簡）．通常のデカルトの著作では見られない具体的で入念な議論を通して，彼の数学観，また，彼によっていかにして近代の数学がもたらされたかが生きた書簡体で伝えられている．

デカルトが王女に問いかけたのは，次の「3 円問題」であった．

8.2　デカルト=エリザーベト書簡，第 6 信の 3 円問題

書簡の中では問題自身は具体的に記述されていないが，以下の問題が論じられる．

平面上に互いに外部にある 3 つの円 A, B, C がある．これら 3 円に外接する円 D の半径を求めよ．

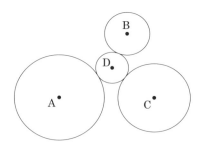

図 8.1　3 円問題の図

[問題の設定]

　問題が確定するためには，3 円の半径と位置関係が定められなければならない．デカルトは図 8.1 のように 3 円を配置し，図 8.2 のように a, b, c をそれらの半径とする．また，円 D の半径を x とする．さらに，D, B から辺 AC に垂線を下して BE, DF とし，さらに D から BE への垂線 DG を下す．$AE = d, BE = e, CE = f, DF = GE = y, EF = DG = z$ とおいた．これによって，d, e, f を与えれば，点 E から出発して，A, B, C の位置が定まり，a, b, c によって 3 円 A, B, C の半径が確定する．このとき x, y, z は a, b, c, d, e, f から定めるべき未知数である．

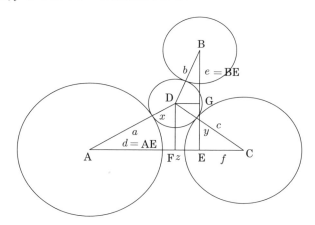

図 8.2　3 円問題のデカルトによる記号設定

　王女はすでに，この問題を独力で解いてデカルトに知らせていたらしい．

その解法は残されていないが，x を単独の未知数として，与えられたデータから順次の過程を経て解に到達するものであったと推察される．デカルトはこの難問を提示したことを後悔していたが，独自の解答に接して王女の数学的能力を賛嘆し，自分の観点からその解の難点を指摘し，上記のような設定で考えることを薦めている．

その理由として，このように，求められている x 以外に y, z という未知数を増やして関係式を書き出すことによって，状況が鮮明になることを主張し，実際，以下のような式の変形まで解説する．

$\triangle$DAF, $\triangle$DBG, $\triangle$DCF にピタゴラスの定理を適用することから

$$\begin{cases} (a+x)^2 = (d-z)^2 + y^2 \\ (b+x)^2 = (e-y)^2 + z^2 \\ (c+x)^2 = (f+z)^2 + y^2 \end{cases} \tag{8.1}$$

が得られる．すると (8.1) 第 3 式 $-$(8.1) 第 1 式，によって x, z のみを含む 1 次の関係式が得られ，z は x の 1 次式で表わされる：

$$c^2 + 2cx - a^2 - 2ax = f^2 + 2fd - d^2 + 2dz. \tag{8.2}$$

さらに (8.1) 第 3 式 $-$(8.1) 第 2 式，

$$c^2 + 2cx - b^2 - 2bx = f^2 + 2fz - e^2 + 2ey \tag{8.3}$$

によって，y もまた x の 1 次式で表わされることになり，これらを (8.1) 第 1 式に代入すると x の 2 次方程式が得られるからこれを解けば答が得られる．

このようにデカルトは王女に解説し，

▽ ::: ▽

かくして問題は平かになり，さらに進む必要はありません．というのも，残りは精神を開発したり元気づけるのには役立たず，ただある勤勉な計算家の忍耐力を行使するのに役立つのみですから．(文献 [8.1]『デカルト=エリザベト往復書簡』による)

△ ::: △

と結んでいる．

94　第 8 章　デカルトとパスカルの世紀 前編

　ここでデカルトは，求められている長さ x だけに関心を払うのではなく，この図形から現れるいくつかの長さの間の相互関係を過不足なく記述することを目指している．つまり，幾何学を複数の代数式で表現することを実行しているのである．また，そのような明晰な思考が精神の陶冶につながると考え，単なる計算過程をそれに従属する単純労働と見なしている．実際にこの骨の折れる計算をコンピュータにやらせると

$$x = [-b^3d^2 + b^2cd^2 + bc^2d^2 - c^3d^2 - a^3e^2 + a^2ce^2 + ac^2e^2 - c^3e^2$$
$$+ ad^2e^2 + bd^2e^2 + a^2bdf + ab^2df - 2b^3df - a^2cdf + b^2cdf - ac^2df$$
$$+ bc^2df - bd^3f + cd^3f + ade^2f + 2bde^2f + cde^2f - a^3f^2 + a^2bf^2$$
$$+ ab^2f^2 - b^3f^2 + ad^2f^2 - 2bd^2f^2 + cd^2f^2 + be^2f^2 + ce^2f^2 + adf^3 - bdf^3$$
$$- (d+f)\sqrt{(e^2((a-b)^2 - d^2 - e^2)((b-c)^2 - e^2 - f^2)((d+f)^2 - (a-c)^2)))}]/$$
$$[2(a^2e^2 - d^2e^2 + c^2(d^2 + e^2) - 2de^2f + a^2f^2 - e^2f^2 +$$
$$b^2(d+f)^2 - 2b(d+f))(cd+af) - 2ac(e^2 - df))]$$

となる．$a = b = c = d = f = 1, e = \sqrt{3}$ を代入すると，$x = \dfrac{2}{\sqrt{3}} - 1$ が正しく得られる．

8.3　書簡第 8 信，デカルトの 4 円定理

　この解答および方法論的な説明を王女はただちに理解し，現在ついている数学教師に教わっていたのでは 6 ヶ月かかってもこのような理解に至ることはなかったであろうと謝辞を述べている．

　デカルトはさらに，この聡明な王女の返信への再返信として彼の方法論をさらに詳しく述べている．

　その内容は以下の点に要約される．

　（1）　幾何学は，補助線を引いたりいくつかの図形的思考を繰り返すものではなく，与えられた諸量を正しく文字に置き換えて，それらの相互関係を記述すれば済むこと．

　（2）　その際，一旦使用した文字は，最後まで一貫して同一の文字を用いる必要があり，また，同等な関係にある量に対しては，そのことを反映した

文字を使用すべきこと．

（3）このことによって，個々の問題ごとに考えていた幾何学が，より普遍的な美しい定理の形態をとって浮かび上がること．

実際に，3 円問題で与えられた 3 円が互いに外接する場合を検討するよう提案し，実行している．

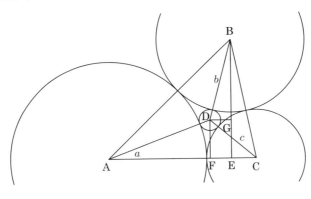

図 8.3

この問題では，デカルトは A, B, C が与えられた円で D が求めるべき円であるという考えから脱却し，これら 4 円を同等に扱って対称的な関係式が導かれることに注意を喚起している．つまり，円 D が 3 円 A, B, C に外接するばかりでなく，A から見ても，この円は B, C, D に外接している，同様にすべての円が他の 3 円に等しく外接しているのである．

すると，$DF^2 = AD^2 - AF^2 = CD^2 - CF^2$ から

$$(a+d)^2 - \ell^2 = (c+d)^2 - (a+c-\ell)^2 \quad (AF = \ell)$$

すなわち

$$AF = \frac{a^2 + ac - cd + ad}{a+c} \tag{8.4}$$

が導かれ，円 D と円 B は，円 A, C に対して対称な関係にあるから，同様に

$$AE = \frac{a^2 + ac - cb + ab}{a+c} \tag{8.5}$$

が得られる．さらに，$BD^2 = BG^2 + DG^2 = BG^2 + EF^2$ から

96　第 8 章　デカルトとパスカルの世紀 前編

$$(b+d)^2 = (AE - AF)^2$$
$$+ \left(\sqrt{(a+b)^2 - AE^2} - \sqrt{(a+d)^2 - AF^2}\right)^2 \qquad (8.6)$$

が得られる．ここで (8.4)(8.5) から求まる AE, AF を (8.6) に代入すると a, b, c, d の関係式が得られる．実際 (8.6) の右辺は

$$\frac{4\,a\,c\,\left(a\,b + b^2 + b\,c + a\,d + c\,d + d^2 - 2\sqrt{b\,(a+b+c)\,d\,(a+c+d)}\right)}{(a+c)^2}$$

である．平方根がなくなるまで移項と平方を繰り返すと

定理 8.1 (デカルトの 4 円定理)　4 円が互いに外接するとき，それらの半径 a, b, c, d は対称的関係式

$$b^2c^2d^2 + c^2d^2a^2 + d^2a^2b^2 + a^2b^2c^2$$
$$= 2(abc^2d^2 + ab^2cd^2 + ab^2c^2d + a^2bcd^2 + a^2bc^2d + a^2b^2cd)$$

を満たす．

という美しい定理が導かれる．デカルトはていねいに a, b, c の値が $2, 3, 4$ の場合

$$d = \frac{12\left(-13 + 6\sqrt{6}\right)}{47}$$

になるという計算まで書簡の中で示している．

[まとめ]

　「幾何学の問題を代数計算に帰着させる」という大きな原則をデカルトは提唱し，それが，これまで考えられなかった幾何学と代数学および解析学との融合を生んだ．さらに，幾何学に座標を導入することは，物理現象の起きている空間を座標空間でモデル化することを可能にした．これは，関数のグラフによって物理現象を解析するニュートンの考えへとつながってゆく．デカルトによってもたらされた，この数学の大きな展開が，どのような具体的考察を経過して生まれたのかが，この書簡からうかがうことができたのである．

[余談：デカルトの死]

中国，唐の詩人李白は，酒を飲み小舟に乗って湖面に遊び，水面に映った月をすくい取ろうとして水に落ちておぼれ死んだ．

パドヴァ出身のオーケストラ指揮者ジュゼッペ・シノーポリは歌劇『アイーダ』をベルリンで指揮していた．その最後，アイーダとラダメスの恋人同士が墓に入って死んで行く場面で入魂のタクトを振り，指揮台の上で自分自身もくずおれて亡くなった．

古今東西，その人にふさわしい最後を遂げた人間の逸話を時折目にすることがある．デカルトの死もまたなかなか興味深い．

オランダにひっそりと暮らしていたデカルトは，スウェーデン女王クリスチーナから哲学教師として彼女の宮廷に来るよう招請を受けた．女王はスウェーデンの英雄と讃えられるグスタフ・アドルフ王の娘で，1649 年 当時 23 歳．当時ヨーロッパ最高の知性と名高かったデカルトを自らの家庭教師に

図 8.4　スウェーデン女王クリスチーナに講義するデカルト

と強く希望する才媛であった．女王は海軍提督が乗船する軍艦をデカルト一人のために差し向け，それに応じてデカルトは完全な宮廷礼装でストックホルムに向かったという．

クリスチーナはただの若い女王ではなかった．ヨーロッパ列強を相手に，30 年戦争終結のウェストファリア条約の締結を先導する国際政治家であり，同時に当時のあらゆる学問，芸術に通じていた．後年，母国を離れ，ローマに移り住んでバロック芸術のパトロンとしても名を馳せる，17 世紀文化政治史に異彩を放つ女傑であった．

公務多忙な女王は週 2 回，早朝 5 時からの時間をデカルトの講義を受けるためにやっと確保した．若く強靭な女王には耐えられても，病弱な哲学者には北国の早朝の出仕は苛酷すぎた．デカルトはそれでも女王の熱意と厚遇に応えて講義を続けた．こうして，女王にとっては貴重な数ヶ月の講義の後，デカルトは肺炎にかかって一冬を越すことなく 1650 年 2 月，ストックホルムで世を去った．

文献 8

[8.1] 『デカルト=エリザベト往復書簡』(山田弘明訳)，講談社学術文庫，2001．

[8.2] デカルト『方法序説』(谷川多佳子訳)，岩波文庫，1997．

[8.3] 野田又夫『デカルト』，岩波新書，1966．

[8.4] 下村寅太郎『スウェーデン女王クリスチナ』，中公文庫，1992．

第9章

デカルトとパスカルの世紀 後編

9.1　パスカルの全体知について少々

パスカル (Blaise Pascal, 1623-1662) は，17 世紀ヨーロッパ人文主義時代を代表する知識人であり，数学，自然科学の研究をしつつ哲学的思索を重ねた．後世に与えた影響の大きさにおいてデカルトと並ぶ存在である．

このように，同じ領域で同じ時代に活躍したが，二人は向かった方向がまったく異なっていた．どれほど両者の天才の質が違っていたかは，その数学からも推察される．実際に，年上のデカルトはパスカルの哲学的著作には関心を示さず，その数学的著作に目を通してもその価値を認めようとしなかった．「天才並び立たず」ということわざを思い出す．

ところで，数学者あるいは自然科学者が，その時代の全体知にかかわるということは，18 世紀までは当たり前のことであったが，現代ではもう見られなくなった．19 世紀に現れたガウス，リーマン，アーベル，ガロアという天才たちが，数学を自然科学や哲学とは別次元の学に引き上げてしまったからであろう．時代の全体知にかかわったパスカルに少しだけ触れておきたい．

パスカルはその哲学的著作『パンセ』で名高い．その断章 347 に次の文章がある．

　　人間はひとくきの葦にすぎない．自然の中でもっとも弱いものである．だが，それは考える葦である．彼をおしつぶすために，宇宙全体が武装するには及ばない．蒸気や一滴の水でも彼を殺すのに十分であ

る．だが，たとい宇宙が彼をおしつぶしても，人間は彼を殺すものよりも尊いだろう．なぜなら，彼は自分が死ぬことと，宇宙の自分に対する優勢を知っているからである．宇宙はなにも知らない．

だから，われわれの尊厳のすべては，考えることのなかにある．

パスカル，『パンセ』p.248〜p.249，前田陽一，由木康 [訳]，中公クラシックス，より．

しかし，このような断片的な言葉がパスカルの思想体系を語っているわけではない．思想家としてのパスカルは，信仰する哲学者としてその時代の中で生きたのであった．したがって，その中心思想は，当時のカソリック神学および，それを支えていたイエズス会の神学体系 (とくに自由意志論) へのカソリック内部からの対置的批判の形で現れていて，現代のわれわれには難解である．ここでは，彼の神学を素通りして数学に目を向けるが，晩年に残した鋭い全体知的一言にだけ，注目しておこう．

1660 年にフェルマー (あのフェルマー予想の数学者である) がパスカルに面会を求めていた．フェルマーに最大の尊敬を示しつつ，健康上の理由でそれが叶わないことを知らせた手紙の中で，パスカルは次のように書いている．(ここで "幾何学" という言葉は，この時代の流儀で，"数学" の意味であることに注意しておこう．)

といいますのも，幾何学について率直に申しますと，わたしはこれを精神の最高の訓練とみなしておりますが，また同時に，これほど無益なものはないこともよく承知しておりますので，単なる幾何学者にすぎない者は，熟練した職人とそんなに違いがないと思っております．(…) わたしは，幾何学をこの世でいちばんすばらしい職人芸とよびますが，結局のところは単なる職人芸にすぎないのです．ですから，わたしは幾何学のためなら一歩だって動かないだろうと思います……

『パスカル伝』p.397，田辺保著，講談社学術文庫，による．

では，彼の数学を見てみよう．

図 9.1 幾何学の問題に没頭する少年パスカル
パリ，コレージュ・ド・フランス玄関に飾られている．

9.2 円錐曲線とその幾何学

2 次曲線のことを円錐曲線 (conic curve) とよぶ．2 次曲線には，

1) $y = ax^2 + b$　　$(a \neq 0)$　　放物線
2) $x^2 + y^2 = r^2$　　$(r > 0)$　　円
3) $\dfrac{x^2}{a^2} + \dfrac{y^2}{b^2} = 1$　　$(ab \neq 0)$　　楕円
4) $ax^2 - by^2 = 1$　　$(ab > 0)$　　双曲線
5) $(ax + by + c)(a'x + b'y + c') = 0$　　2 直線$\cdots$　これは仲間に入れたり入れなかったりする．

102　第 9 章　デカルトとパスカルの世紀 後編

の 5 種類がある．これらは，円錐を平面で切った切断面として現れることが
ギリシャの数学者に知られていた．17 世紀に，遠近法の絵画技法を数学的に
理論化した射影幾何学が盛んになると，円錐曲線の幾何学が論じられた．こ
こでは，パスカルが 16 歳で発表した『円錐曲線試論』(1640 年) で扱われた
"パスカルの円錐曲線定理" の周辺を論じる．

　定理 9.1 (パスカルの円錐曲線定理)　円錐曲線 K 上に 6 点 A, B, C,
D, E, F をとる．AB, DE の交点，BC, EF の交点，CD, FA の交点をそ
れぞれ X, Y, Z とする．このとき，3 点 X, Y, Z は同一直線上にある．

　上記のように，円錐曲線には種々の形があり，どのような円錐曲線でも，
この定理が成り立つことが主張されているのである．
　それは，2 次曲線あるいは 3 次曲線相互の交差で現れる点たちが直線上に
並ぶかどうかを論じる定理である．
　パスカルは，定理の成立は以下に述べる変換に関して不変であることを見抜
いて，簡明な (古典的) 証明を与えた．後に触れるように "パスカルの定理"
は，その主張が簡明で美しいだけではなく，19, 20 世紀に発展，展開する代
数曲線論，代数幾何学の重要な定理と深く関わっている．
　近世初期の段階でこのような定理が見いだされていた点が，興味深い．デ
カルトとは別の方向に向かっていながら，パスカルは数学の歴史に独自の寄
与をしたのであった．
　変数 x, y の変換

$$T_1 : \begin{cases} x' = ax + by + c, \\ y' = dx + ey + f \end{cases} \quad (a, b, c, a', b', c' \in \mathbf{R}) \tag{9.1}$$

を行っても定理で述べられた性質は保たれるので，まず，問題をなるべく簡
単な形にして扱うことをめざす (むしろ，私たちは今，T_1 という形の変換で
変らない円錐曲線の性質を調べようとしている)．ただし，T_1 によって，一
般には直線の交差する角度や，線分の長さは保たれない．したがって角度や
長さについてはここでは議論しない．これが，射影幾何学の視点である．そ
の意味で，通常のユークリッド幾何学 (図形の合同や相似を問題にする幾何
学) とは異なっている点に注意する．

9.2 円錐曲線とその幾何学　103

命題 9.1 (2 次曲線の標準化)　5 種類の円錐曲線は T_1 の形の変換によって，以下のものに帰着できる：

i)　$y = x^2$

ii)　$x^2 + y^2 = 1$

iii)　$xy = 1$

iv)　$xy = 0$

証明　(i) は (1) において $y = y_1 + b, x = \dfrac{x_1}{\sqrt{a}}$　$(a > 0)$ または $y = -y_1 - b, x = \dfrac{x_1}{\sqrt{-a}}$　$(a < 0)$ とおけばよい．他も同様である．　□

さらに，以下の一次分数変換を許せば，$y = x^2$ も $xy = 1$ も $x^2 + y^2 = 1$ に変換される．

命題 9.2 (2 次曲線の標準化第 2 段階)　単位円 $x^2 + y^2 = 1$ において

$$\begin{cases} x = \dfrac{2x_1}{1 + y_1} \\ y = \dfrac{1 - y_1}{1 + y_1} \end{cases} \tag{9.2}$$

と変数変換すると (i) の放物線 $y_1 = x_1^2$ になり，

$$\begin{cases} x = \dfrac{2}{x_2 + y_2} \\ y = \dfrac{-x_2 + y_2}{x_2 + y_2} \end{cases} \tag{9.3}$$

と変数変換すると iii) の双曲線 $x_2 y_2 = 1$ になる．

注意 9.1　変換 (9.2) においても，(x, y) 平面の直線は (x_1, y_1) 平面の直線に移っているから，この変換でもやはり定理 9.1 で言われている諸性質は保たれる．ただし，直線 $y = -1$ は (x_1, y_1) 平面に対応する直線がなく，また (x_1, y_1) 平面の直線 $y_1 = -1$ も (x, y) 平面に対応する直線が存在しない．このような一見不都合な事態は (ここでは詳細な説明を省くが)，双方の平面

に"無限遠直線"を付け加えて考えることによって解消される．(9.3) においても，同様のことが生じている．

したがって次が主張できる．

定理 9.2 (円錐曲線の標準化定理)　どのような円錐曲線も T_1 の形の変換，および (9.2) (9.3) の変換を行えば，単位円 i) または，2 本の座標軸直線 iv) に移せる．

注意 9.2　2 直線に分解している場合も定理 9.1 は成立するが，議論が多岐にわたるので私たちはこの場合を考慮せずに考察を進める．

この標準化定理によって，当初の定理 9.1 の証明は次の (単位) 円に対する定理を示せばただちに得られることになった！

定理 9.3 (円でのパスカルの定理)　円 O 上に 6 点 A, B, C, D, E, F をとる．AB, DE の交点，BC, EF の交点，CD, FA の交点をそれぞれ X, Y, Z とする．このとき，3 点 X, Y, Z は同一直線上にある．

その結果，定理 9.1 の特殊ケースであるつぎの定理も直接証明することなく自動的に，導かれたのである．

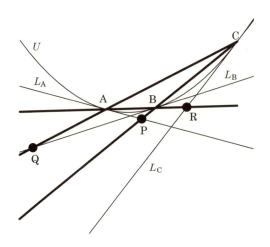

図 9.2　円錐曲線定理の特殊ケース

定理 9.4 放物線上に3点 A, B, C をとり，そこでの接線を L_A, L_B, L_C とする．L_A と直線 BC の交点，L_B と直線 AC の交点，L_C と直線 AB の交点をそれぞれ P, Q, R とすると P, Q, R は同一直線上にある (図 9.2).

9.3 パスカルの定理の証明

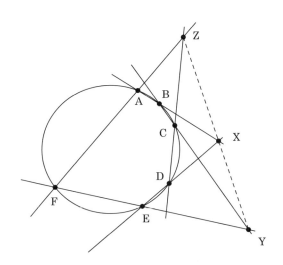

図 9.3 円に対するパスカルの円錐曲線定理

[古典幾何学を用いる証明 = パスカル流]

最終的な定理は直線の交差にだけ注目する "射影幾何学" なのに，ここでの証明は "ユークリッド幾何学" を使う．

まず，次の事実に注目する．

補題 9.1 2円 O, O' があり，その交点を A, B とする．2直線 ℓ, ℓ' はそれぞれ A, B を通るものとする．ℓ が O, O' と交わる点をそれぞれ P, Q とし，ℓ' が O, O' と交わる点をそれぞれ R, S とする．このとき，PR//QS である．

証明 円 O での円周角を見て，$\angle ARB = \angle APB, \angle RPB = \angle RAB$. よって，$\angle RPA = \angle ABS$. 同様に，円 O' の円周角から $\angle RBA = \angle AQS$. す

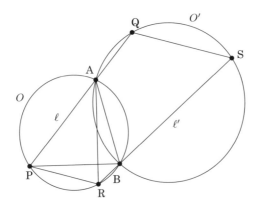

図 9.4　補題の図

ると $\angle \mathrm{RPA} + \angle \mathrm{AQS} = \pi$ となり，これは $\mathrm{PR}//\mathrm{QS}$ を示している．　□

これを用いて定理 9.3 (円についてのパスカルの定理) を証明する．

3 点 A, D, Z を通る"補助円" O' を描く．直線 AB と O' との交点を P，直線 DE と O' との交点を Q とする．2 直線 AB, DQ に注目して上の補題を適用すると，BE//PQ が導かれる．また，2 直線 CZ, AB に注目すると PZ//BC が得られ，さらに，2 直線 AZ, DQ に注目して EF//QZ が示される (図 9.5)．

以上から，$\varDelta$XPQ と $\varDelta$XBE は相似となっていることが分かる．また $\varDelta$QPZ と $\varDelta$EBY も相似で，共通の辺 PQ, BE に注目すると，このことから XQ : XE = QZ : EY となることが導かれる．

EF//QZ から $\angle \mathrm{ZQX} = \angle \mathrm{YEX}$ なので $\varDelta$XQZ と $\varDelta$XEY の相似が導かれる．とくに，$\angle \mathrm{QXZ} = \angle \mathrm{EXY}$ であるから，3 点 Z, X, Y は一直線をなす．
　□

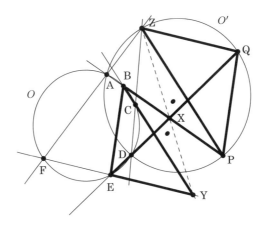

図 9.5　補助円による証明

しかし，この古典的証明は以下に見る拡張されたパスカルの定理には使えない．

定理 9.5 (パスカルの定理の拡張形)　円錐曲線 K の上に 6 点 $P_1, P_2, \cdots,$ P_6 を定める．3 次曲線 E_1, E_2 がこれら 6 点を通過するとき，E_1, E_2 は一般にさらに 3 点 (R, S, T とする) で交差するが，これら R, S, T は同一直線上にある．

この定理は後に触れるように，楕円曲線論，代数曲線論における基本定理の原型となるもので，重要な意味を持つことになる．

パスカルの円錐曲線定理 9.1 が，拡張されたパスカルの定理 9.5 からどのように導かれるかを述べておこう．

3 次曲線とは，x, y を変数とみて最高次 3 次の多項式で定義される曲線である．したがって一般式は

$$a_1 x^3 + a_2 y^3 + a_3 xy^2 + a_4 x^2 y + a_5 x^2$$
$$+ a_6 y^2 + a_7 xy + a_8 x + a_9 y + a_{10} = 0$$
$$(a_1, a_2, \cdots, a_{10} \in \mathbf{R}) \tag{9.4}$$

で与えられる．円錐曲線のときと同じように，3 直線を合わせた定義式

$$(ax+by+c)(a'x+b'y+c')(a''x+b''y+c'')=0$$

は 3 次曲線の一種と見なせる．定理 9.5 における 3 次曲線 E_1, E_2 がこのような特別なものになった場合が，パスカルの円錐曲線定理である．

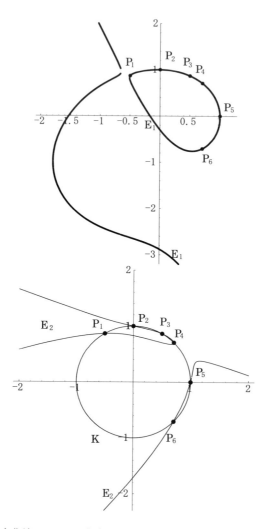

図 9.6　3 次曲線 E_1, E_2 はともに，円 K 上の 6 点 $P_1, P_2, P_3, P_4, P_5, P_6$ を通っている

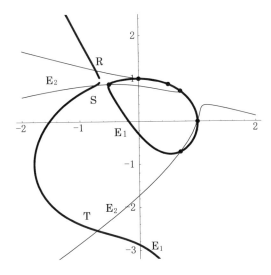

図 9.7　E_1, E_2 の $P_1, \cdots, P_6$ 以外の 3 交点 R, S, T が一直線上に来る

この定理を証明するのは新しい道具を必要とする．そこでは，現代流のベクトル空間 (線形空間) の考え方が本質的な役割を果たす．

まず，2 変数 3 次式の全体を考え，それを $\mathcal{S}$ とする．3 次式は一般に

$$a_1 x^3 + a_2 y^3 + a_3 xy^2 + a_4 x^2 y + a_5 x^2$$
$$+ a_6 y^2 + a_7 xy + a_8 x + a_9 y + a_{10}$$
$$(a_1, a_2, \cdots, a_{10} \in \mathbf{R}) \tag{9.5}$$

の形になり，任意定数 10 個を含んでいる．

K を与える式を $Q(x,y) = 0$ とし E_1, E_2 の式をそれぞれ $F(x,y) = 0, G(x,y) = 0$ とする．また R, S を通る直線の式を $L(x,y) = 0$ とする．

ここで，

「8 点 $P_1, \cdots, P_6, R, S$ で 0 になる」

という条件を満たす 3 次式すべてを集めた集合を $\mathcal{T}$ とする．

$\mathcal{T}$ が含んでいる定数の自由度を勘定したい．もともと 10 個の任意定数 $a_1, a_2, \cdots, a_{10}$ があって，「$\cdots$」で 8 個の条件を置いたので，残る自由度は 2 と考えられる (このことを，数学的に厳密に議論するのは，準備が必要なの

110   第 9 章　デカルトとパスカルの世紀 後編

でやらない).

　ところで E_1 は 8 点 $P_1, \cdots, P_6, R, S$ を通っているから, その定義関数 $F(x, y)$ はこの拘束条件を満たし $\mathcal{T}$ の要素である. また 3 次式 $Q(x, y)L(x, y)$ もまた, $\mathcal{T}$ に属す. したがって, 任意定数 λ, μ を用いて $\lambda F(x, y) + \mu Q(x, y)L(x, y)$ の形の 3 次式はすべて $\mathcal{T}$ に属すが, $\mathcal{T}$ にはもともと任意定数は 2 つしかないので, $\mathcal{T}$ の要素はすべてこの形をする (このことを厳密に論じるにはベクトル空間という概念を用いるが, ここではやらない). したがって, $G(x, y)$ は $\mathcal{T}$ の要素であったから,

$$G(x, y) = \lambda F(x, y) + \mu Q(x, y)L(x, y) \quad (\mu \neq 0)$$

の形で与えられる. もともと E_2 の定義式 $G(x, y)$ および E_1 の定義式 $F(x, y)$ は点 T で 0 になっている. したがって $Q(x, y)L(x, y)$ が T で 0 になる. 点 T は K から外れているから結局 $L(x, y)$ が T で 0 になる. すなわち, R, S のみならず T も直線 $L(x, y) = 0$ 上にあるのだから, これは R, S, T が直線上にならぶことを示している. $\qquad\square$

　このように現代数学では, 古典幾何学の問題をも, しばしば代数的に扱って論じてゆく. それによって, 直感を排除したより高次の法則性に到達することも可能となる. それは, 拡張された意味でデカルトの数学の方法であるとも言える. しかし, さまざまな場面で, 直感や, 視覚的イメージは現代数学といえども重要な役割を果たしており, 数学のその部分はパスカル的な思考とも考えられる.

9.4　パスカルの定理と現代数学

　一般に整数係数の 3 次曲線が与えられたとき, その上の有理点 (x, y 座標がともに有理数の点) を調べる手段は今日まだ完全には確立されていない. それは, 数論における大きな課題となっている.

　楕円曲線とは

$$E : y^2 = x^3 + ax + b \quad (4a^3 + 27b^2 \neq 0)$$

で与えられる 3 次曲線で, 例外を除くほとんどの 3 次曲線は射影幾何学の立

場ではこの形で扱うことが許される[1]．x, y は複素数で考えるが，実数平面では図 9.8 のようなグラフになる．この曲線は弓の部分の上下の極限が無限遠でつながっている．その無限遠点を O で表わしておく．

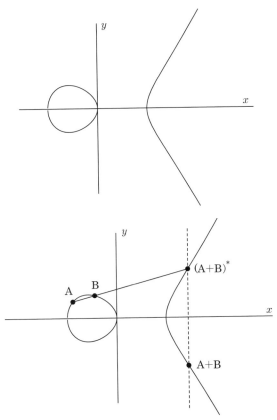

図 9.8 楕円曲線の概形（$y^2 = x^3 - x$ の場合），楕円曲線上での 2 点 A, B の和 A + B

E の上の点 A, B に対して，直線 $\overline{AB}$ と E との第 3 の交点をとりその x に関する対称点を A, B の和であると定義する．これを A + B で表わす．もしも，A = B のときは，直線 $\overline{AB}$ として A における楕円曲線の接線を用いる，このときには A の 2 倍点 2A が得られるのである．こうして E の上の

---

[1] より厳密には，楕円曲線とは E と，次に述べる点 O との組 (E, O) のこととする．

点たちの間の加法が定まる．上の操作の途中に現れた第3の交点は $(A+B)^*$ で表わす．この操作を自然に拡張して A, B が x 軸に関して対称の位置にあるときは $A+B=O$ となり，また $A+O=A$ となることが導かれる．

このとき E 上の第3の点 C をとってくると $(A+B)+C$ という点をつくる操作と，$A+(B+C)$ という点をつくる操作が考えられる．この両者が一致するなら，ここで定義した加法は結合法則を満たし，E 上の点の全体が O を単位元とする群構造を持つことになる．

楕円曲線の数論的研究でもっとも基礎となるのは，この意味の結合法則

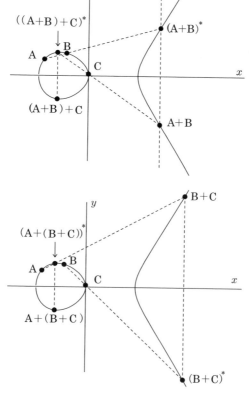

図 9.9　$(A+B)+C$ 上，と $A+(B+C)$ 下

$$A + (B + C) = (A + B) + C \tag{9.6}$$

が成り立ち，楕円曲線 E の有理点 (すなわち x, y 座標がともに有理数の点) 全体が加法群の構造を持つという事実である．

以下に見るように，上の結合法則を保証しているのがパスカルの定理 (の拡張形) である．

図 9.9 上において $Y = ((A + B) + C)^*$ の x 軸に関する対称点が $(A + B) + C$ である．一方 $A + (B + C)$ は図 9.9 下のように作図される．

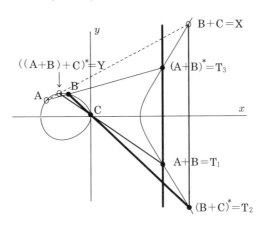

図 9.10　結合法則の図解

$X = B + C$ とする．A, X, Y が同一直線上にあれば $((A + B) + C)^* = (A + (B + C))^*$ が言えるから，上の等式 (9.6) が導かれる．

$A + B = T_1, (B + C)^* = T_2, (A + B)^* = T_3$ とする．2 次曲線 K として，直線 BCT_2 と T_1T_3 をあわせたもの (図 9.10 の太線)．

3 次曲線としてもとの曲線 E，および 3 直線

$$E' : ABT_3, YCT_1, XT_2 \text{ (図の細い直線たち)}$$

を考える．

E および y 軸と平行な直線はすべて無限遠点 O を通っていることに注意しておく．

E, E' はともに K と 6 点 B, C, T_3, T_1, T_2, O で交差している．

他に E と E' どうしは A, X, Y で交差しているゆえ，パスカルの定理の拡張形 (定理 9.5) によって同一直線上にある．これが示したいことであった．

[もう一歩 19 世紀の数学に踏み込むと $\cdots$] x, y 平面に楕円曲線 E が与えられると，E の各点にその点の x 座標を対応させる対応は E の上で定義された関数を定めている．また，y 座標を対応させた場合も同様．こうして，x, y の整式 $f(x, y)$ の E 上への制限を考えることによって，E 上で定義された関数が無数に作られるが，

　　もしも，そのような関数が E 上の 3 点 (それらを P, Q, R とする) で (のみ) 0 になるのであれば P + Q = $-$R となる．

という事実が成り立つ．

　より正確に言えば

　　「楕円曲線 $E : y^2 = x^3 + ax^2 + bx + c$ において，有限部分に極をもたない 3 位の有理型関数の零点を P, Q, R とすれば

$$P + Q + R = O$$

　　が成り立つ．ここで O は E の加法における 0 元で E の無限遠点である．」

と述べられる．これは，19 世紀初頭にアーベルが発見した定理の特殊な場合になり，よく見るとパスカルの定理に他ならない．そして，(代数曲線に関する) アーベルの定理は，

　　「一般に n 次曲線が与えられたとき，その曲線上の関数の零点 (値 0 をとる点) たちは，勝手な配置が許されるのではなく，一定の拘束条件を満たして配置される．」

という事実を正確に述べた定理で，これら n 次曲線の代数幾何学 (代数曲線論とよばれる) の分野ではもっとも基本的な法則で，一般形は 19 世紀の中葉にリーマンによって確立された．

　このように 19 世紀の数学といえども，非常に数学の中味は高度であり，現代数学はさらにその先にあるので，いくらやっても興味は尽きず，道はなか

なか遥かなものがある.

　なお，今日情報伝達の安全性確保が重要な社会的要請になり，たとえば，各種 Web サイト上でも，安全性が確保された手続きであることを明示するメッセージが見られるようになっている．その背景には "暗号理論" があるが，すでに述べた初等整数論に基礎をおく暗号システム (RSA 暗号系) の安全性が危惧される段階にあり，暗号理論のレベルアップのために楕円曲線の数論に基礎を置く "楕円曲線暗号" に次第にシフトしつつある．その意味でも，パスカルの定理は私たちの現代生活の基礎に横たわっていると考えることもできる.

文献 9

[9.1] 『パスカル全集』(伊吹武彦ほか訳), 人文書院, 1959.

[9.2] パスカル『パンセ』(前田陽一, 由木康訳), 中公クラシックス, 2001.

[9.3] 田辺保『パスカル伝』, 講談社学術文庫, 1999.

[9.4] Griffiths, P.A., Introduction to Algebraic Curves. A.M.S.(1989).

[9.5] J. シルバーマン-J. テイト『楕円曲線論入門』(足立恒雄, 木田雅成, 小松啓一, 田谷久雄訳), シュプリンガー・フェアラーク東京, 1995.

第 10 章

2 進法と山くずしゲーム

10.1 2 進法で数を表わす

世の中は 2 進法なしには済まされない．ビット，バイト，メガバイトはコンピュータで必須の用語となっている．1 ビット (bit) は情報量の最小単位で，二者択一の情報一個分を表わす．n ビットは 2^n 個の対象を判別するだけの情報量である．たとえばアルファベット 26 文字は $2^5 = 32$ ビットの記憶装置があれば判別される．ビット単位では大きなメモリーを表わすのには適さないので 2^8 ビットを 1 バイト (bite) とする．メールのメッセージなどの情報量はキロバイト (KB) 単位で表わされるが 1 キロバイト $= 2^{10} = 1024$ バイトである．また，ハードディスクのメモリーでは 1 メガバイト (MB) が用いられるが $1\mathrm{MB} = 2^{20} = 1024^2 = 1{,}048{,}576$ バイトである．等々．

$33 = 2^5 + 1$ を 2 進法で表わすと $33 = 100001_2$ である．$66 = 1000010_2$，$132 = 10000100_2$ 等，2 倍するごとに 1 桁ずつ上がって行く．

では $\dfrac{1}{3}$ を 2 進法で表わすとどうなるか？ これは小数点以下の展開になるが，ただちには分からない．とりあえず $2^8 \times \dfrac{1}{3}$ をつくる．その整数部分として $[2^8/3] = 85 = 64 + 16 + 4 + 1 = 2^6 + 2^4 + 2^2 + 2^0$ を得る ($[*]$ は $*$ の整数部分を表わす)．よって $85_2 = 1010101$ となる．したがってこの展開を 8 桁下げて

$$\frac{1}{3} = 0.01010101\cdots$$

であることが分かる，しかしまだ $\cdots$ の部分は正確には分からない．でも多分 $0, 1$ が繰り返し現れそうだ．では循環する 2 進小数

$$x = 0.\langle 01 \rangle \qquad (\langle * \rangle \text{ は循環節を表わす})$$

が何かを決定しよう．x は関係式

$$2^2 x = 01.0101 \cdots = 1 + x$$

を満たすから，実際 $x = \dfrac{1}{3}$ であることが分かる．

では，任意の実数 a を 2 進展開するアルゴリズム (計算仕様) はどのように述べることができるだろうか？

$r = \dfrac{m}{n}$ の 2 進無限小数展開

$$r = a_0 + \varepsilon_1 \frac{1}{2} + \varepsilon_2 \frac{1}{2^2} + \varepsilon_3 \frac{1}{2^3} + \cdots = a_0.\varepsilon_1 \varepsilon_2 \varepsilon_3 \cdots_2$$

は以下の方法で得られる．

$$a_0 :=]r[= \begin{cases} [r] & \text{if} \quad r \notin \mathbf{Z} \\ r - 1 & \text{if} \quad r \in \mathbf{Z} \end{cases}$$

$$p_1 := 2(m - na_0), \quad \varepsilon_1 = \begin{cases} 1 & \text{if} \quad n < p_1 \le 2n \\ 0 & \text{if} \quad 0 < p_1 \le n \end{cases}$$

$$p_2 := 2^2 \left(m - n \left(a_0 + \varepsilon_1 \frac{1}{2} \right) \right), \quad \varepsilon_2 = \begin{cases} 1 & \text{if} \quad n < p_2 \le 2n \\ 0 & \text{if} \quad 0 < p_2 \le n \end{cases}$$

$$\vdots$$

$$p_k := 2^k \left(m - n \left(a_0 + \varepsilon_1 \frac{1}{2} + \cdots + \varepsilon_{k-1} \frac{1}{2^{k-1}} \right) \right),$$

$$\varepsilon_k = \begin{cases} 1 & \text{if} \quad n < p_k \le 2n \\ 0 & \text{if} \quad 0 < p_k \le n \end{cases}$$

このとき，$p_1, p_2, \cdots, p_k, \cdots$ は $2n$ 以下の自然数なので，そのうちにすでに現れたのと同じものが再び現れ，そこから先は同じ操作の繰り返しになる．

すなわち展開は必ず循環するのである．

[例]　$r = \dfrac{2}{5}$ の場合．

$$a_0 =\,]\frac{2}{5}[= 0,$$
$$p_1 = 2(2 - 5 \cdot 0) = 4 < 5,\ \varepsilon_1 = 0,$$
$$p_2 = 2^2 \left(2 - 5 \cdot \left(0 + 0\frac{1}{2}\right)\right) = 8 > 5,\ \varepsilon_2 = 1,$$
$$p_3 = 2^3 \left(2 - 5 \cdot \left(\frac{1}{2^2}\right)\right) = 6 > 5,\ \varepsilon_3 = 1,$$
$$p_4 = 2^4 \left(2 - 5 \cdot \left(\frac{1}{2^2} + \frac{1}{2^3}\right)\right) = 2 < 5,\ \varepsilon_4 = 0,$$
$$p_5 = 2^5 \left(2 - 5 \cdot \left(\frac{1}{2^2} + \frac{1}{2^3}\right)\right) = 4 < 5,\ \varepsilon_5 = 0.$$

$p_1 = p_5$ となったので以後は循環し，以下が得られる．

$$\frac{2}{5} = 0.01100110\cdots_2 = 0.\langle 0110\rangle_2$$

かならずしも有理数ではない任意の実数 α に対しても

$$\alpha = a_0.\varepsilon_1\varepsilon_2\cdots\varepsilon_k\cdots$$

という 2 進無限小数展開 (すなわち，どこまでいってもそのさきにまだ 1 が現れるような展開) が得られる．(つまり

$$1 = 0.1111\cdots_2$$

のように整数も小数部分が無限に続くように展開しておくと，以下に述べる定理が成り立つ)．このとき，任意の実数 α はただ一通りに 2 進無限小数で表示され，逆に任意の 2 進無限小数は 1 つの実数を表わしている．上で見たように，有理数は循環する 2 進無限小数で表示されるが，逆も正しい．すなわち

　　定理 10.1　α が有理数であるためにはその 2 進無限小数展開が循環することが必要十分である．

　　証明　一応証明を述べるが，意味が分かれば証明の細部は気にしないでも

良いことにする．必要であることはすでに見たので，十分であることを調べる．α に対して

$$\alpha = a_0.\varepsilon_1 \cdots \varepsilon_{k-1} \langle \varepsilon_k \cdots \varepsilon_{k+r} \rangle$$

という循環する展開が得られたとする．

$$2^k \alpha = a_0 + \{\varepsilon_1 \cdots \varepsilon_{k-1}\}_2 + 0.\langle \varepsilon_k \cdots \varepsilon_{k+r} \rangle$$

であるから α が有理数であるかどうかは

$$x = 0.\langle \varepsilon_k \cdots \varepsilon_{k+r} \rangle$$

が有理数かどうかと同じである．すると

$$2^r x - \{\varepsilon_k \cdots \varepsilon_{k+r}\}_2 = x$$

が得られ，したがって

$$x = \frac{\{\varepsilon_k \cdots \varepsilon_{k+r}\}_2}{2^r - 1}$$

であるから x は有理数，したがって α も有理数である． □

2 進展開で得られる結論は原則的に 10 進展開など他の n 進展開と同じであるが，現れる数字が 0 と 1 のみであることから，数学的な議論の構成が単純になる利点がある．また，以下に述べるゲームでは 2 進展開が本質的に役立っている．

10.2 山くずしゲーム

[ゲームのルール]

碁石とかカードなどを 4 つの山にして置いてある．それぞれの山はいくつのピースでもよい．たとえば，今はそれぞれ 3 個，6 個，8 個，11 個であったとする．これを

$$\{3\}\{6\}\{8\}\{11\}$$

で表わす．

120   第 10 章 2 進法と山くずしゲーム

　競技者は二人で，交互にどれか 1 つの山から好きなだけのピースを取り除く．この手続き (これを "手" とよぶ) を繰り返しすと，やがてピースがすべてなくなり山が消える．その最後のピースを取った人が負けである．

————————————————

　何度か実戦を繰り返すと，少し様子が分かってくる．
　自分である配置を作って，相手の手番にしたとき必ず勝てるパターンがいくつか見つかるであろう．

$$\{1\}, \{1\}, \{1\} \qquad (10.1)$$

は勝ちパターンである．各山のピースの数が 2 以下のときのその他の勝ちパターンを列挙してみよう．
　答は，

$$\{2\}\{2\}, \{1\}\{1\}\{2\}\{2\}, \{2\}\{2\}\{2\}\{2\}, \qquad (10.2)$$

の 3 通りである．さらに，実戦を重ねると，まだいくつかの必勝パターンが存在することが見えてくるであろう．
　$\{1\}\{1\}\{2\}\{2\}$ と同様に

$$\{1\}\{1\}\{n\}\{n\} \quad (n \geq 3) \qquad (10.3)$$

は勝ちパターンであることが分かる．
　では，このゲームの究極的必勝法があるのだろうか ??
　4 つ山のパターン $\{a\}\{b\}\{c\}\{d\}$ に対して，a, b, c, d 各々を 2 進展開してみる．$a \leq b \leq c \leq d$ としておこう．

$$a = a_n a_{n-1} \cdots a_1 a_0{}_2$$
$$b = b_n b_{n-1} \cdots b_1 b_0{}_2$$
$$c = c_n c_{n-1} \cdots c_1 c_0{}_2$$
$$d = d_n d_{n-1} \cdots d_1 d_0{}_2$$

とする．ここで，各展開の桁を揃えるために，a, b, c の展開では，最大の数 d に合わせて a_n 等は 0 が来ている．上の例 $a = 3, b = 6, c = 8, d = 11$ では

$$3 = 0011_2$$
$$6 = 0110_2$$

$$8 = 1000_2$$
$$11 = 1011_2$$

である．この展開から各桁の和

$$B(a, b, c, d) = (a_0 + b_0 + c_0 + d_0, a_1 + b_1 + c_1 + d_1, \cdots,$$

$$a_{n-1} + b_{n-1} + c_{n-1} + d_{n-1}, a_n + b_n + c_n + d_n)$$

を作る．$B(a, b, c, d)$ の各成分がすべて偶数のものを "ナイスなパターン" と
よぶことにする．以下が成り立つ．

定理 10.2 (4 つ山定理)   4 つ山パターンがナイスなパターンでなければ，
これを一手でナイスなパターンにする方法が存在する．ナイスなパターンに
一手加えると必ずナイスでなくなる．

注意 10.1   この定理は山の数が 4 でなくとも，より一般に成り立つ．

証明   和が奇数になっている一番大きな桁 (たとえば第 j 桁とする) に注
目し，その桁が実際に 1 になっている山の中で最大のもの (たとえば b の山
とする) からピースを取り除く．そのとき第 j 桁以降の各桁の和がみな偶数
となるようにする．上の例の場合 $b = 6 = 0110_2$ を $b' = 0000_2$ に変えれば，
新しくできた 4 つ山の 2 進展開の各桁の和 $B(a, b', c, d) = (2, 0, 2, 2)$ はどこ
も偶数が来ている．

またナイスなパターンに 1 手加えればどこかの山のどこかの桁で 0, 1 の入
れ替わりを生じる．したがって，その桁の和は奇数に変化してしまう． $\square$

では，ナイスなパターンはどれほどあるかを考察しておこう．n 桁の 2 進
数 a, b, c が与えられたとき，$\{a\}\{b\}\{c\}\{d\}$ がナイスなパターンとなる山は，
$B(a, b, c, d)$ の条件から $d_0, d_1, \cdots, d_n$ が一意的に指定されるから唯一であ
る．n 桁の 4 つ山の総数は 2^{4n} で，その中でナイスなパターンは 2^{3n} だけ
存在する．したがって，ランダムに n 桁の 4 つ山をつくると確率 $\dfrac{1}{2^n}$ でし
かナイスなパターンは起こらない．だから，一般的な状況として，ナイスで
ないパターンからゲームははじまる．

10.3　山くずしゲーム必勝法

したがって，山くずしゲームを以下のように進行させれば必ず勝つ.

1) 最初の自分の手番のときに，ナイスなパターンをつくる.

2) 相手がどのような手を下しても，それはナイスでないパターンになる.

3) 再び自分の手番でナイスなパターンにする.

4) このやりとりを繰り返して上記 (10.1)(10.2)(10.3) に挙げた 5 通りの自明な勝ちパターンに達する.

演習 10

[1] $r = \dfrac{3}{7}$ の 2 進無限小数展開を，例 $r = \dfrac{2}{5}$ にならって求めよ. ($\dfrac{3}{7} = 0.\langle 011 \rangle_2$)

[2] {4}{7}{9}{12} を，一方でナイスなパターンにせよ. ({4}{1}{9}{12} など).

別章 A

高校数学の教科書に潜んでいる循環論法

A.1 循環論法のトリック

循環論法は，数学で決して用いてはいけない誤った論法である．しかし，高校の教科書にその誤った論法が実は用いられている．

高校で $\sin' x = \cos x$ を学んでいる．大学においても，多くの場合その結果を踏襲して微積分学を学んでいるが，以下に述べるようにその "証明" は循環論法である．余りにも説得的な説明なので，許されているのであろう．

このような意味で，日本の微積分学教育は循環論法の上に築かれているのである．大学の多くの微積分学のテキストでもその誤った証明が採用されている．大学の数学教員の間にもこの認識が十分行き渡っていないと思われるのでここで指摘しておくこととした．

その "証明" は以下の通りであった (啓林館「数学 III 」より) ：

$$
\begin{aligned}
\sin' x &= \lim_{h \to 0} \frac{\sin(x + h) - \sin x}{h} = \lim_{h \to 0} \frac{2 \cos\left(x + \frac{h}{2}\right) \sin \frac{h}{2}}{h} \\
&= \lim_{h \to 0} \cos\left(x + \frac{h}{2}\right) \cdot \frac{\sin(h/2)}{h/2} \\
&= \lim_{h \to 0} \cos\left(x + \frac{h}{2}\right) \cdot \lim_{h \to 0} \frac{\sin(h/2)}{h/2}.
\end{aligned}
$$

ここで

$$
\lim_{h \to 0} \cos\left(x + \frac{h}{2}\right) = \cos x.
$$

また
$$\lim_{h \to 0} \frac{\sin(h/2)}{h/2} = 1. \tag{A.1}$$
よって $\sin' x = \cos x$ を得る. □

ここで (A.1) は次の補題から示される.

補題 A.1
$$\lim_{x \to 0} \frac{\sin x}{x} = 1.$$

[補題の証明] $0 < x < \dfrac{\pi}{2}$ とする．図のように，単位円周において中心角 x の扇型 OAP をつくり，A における円の接線と直線 OP の交点を T とする．

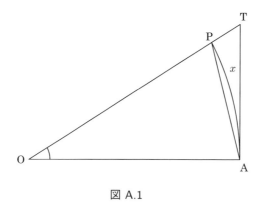

図 A.1

$$\triangle \text{OAP の面積} < \text{扇型 OAP の面積} < \triangle \text{OAT の面積}.$$
よって
$$\frac{1}{2}\sin x < \frac{1}{2}x < \frac{1}{2}\tan x. \tag{A.2}$$
よって $\sin x < x < \tan x$. $\sin x > 0, x > 0$ で考えているから $1 < \dfrac{x}{\sin x} < \dfrac{1}{\cos x}$ すなわち

$$1 > \frac{\sin x}{x} > \cos x.$$

$\lim_{x\to 0} \cos x = 1$ ゆえ $\lim_{x\to 0} \frac{\sin x}{x} = 1$ を得る. □

ここで不等式 (A.2) を注意してほしい．まず，x は弧度法で与えられているから全円周が 2π で，弧 AP の長さ $= x$ ．このとき 2π が単位円周の長さであるという π の**定義**によって，扇型 OAP は円全体の $\frac{x}{2\pi}$ ．したがって，円全体の面積が π だから

$$\text{扇型 OAP の面積} = \pi \times \frac{x}{2\pi} = \frac{1}{2}x$$

となる．しかし，**単位円の面積が π となる**のはなぜだろうか？

単位円を n 等分し内接する正 n 角形の面積を作ったときの n を大きくした極限が円の面積である．

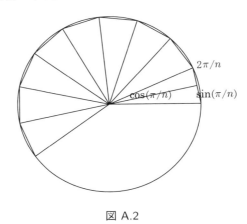

図 A.2

三角形 1 つは中心角 $2\pi/n$ だから，その三角形の面積は $\sin\frac{\pi}{n}\cos\frac{\pi}{n} = \frac{1}{2}\sin\frac{2\pi}{n}$ である．よってこれらが n 個集まると面積は $\frac{n}{2}\sin\frac{\pi}{n/2}$ となる．$n \to \infty$ とした極限をとって

$$\text{単位円の面積} = \lim_{n\to\infty} \frac{n}{2}\sin\frac{\pi}{n/2} = \pi \lim_{n\to\infty} \frac{n}{2\pi}\sin\frac{\pi}{n/2}$$

126　別章 A　高校数学の教科書に潜んでいる循環論法

$$= \pi \lim_{n \to \infty} \frac{\sin \frac{2\pi}{n}}{\frac{2\pi}{n}} = \pi \lim_{x \to 0} \frac{\sin x}{x}.$$

何と，この証明法で必要な "単位円の面積 $= \pi$" を π の定義から示そうと
すると，証明しようとしている $\lim_{x \to 0} \dfrac{\sin x}{x} = 1$ が必要になるのだ．

　このように，教科書の証明は本質的に循環論法であることが分かった．
では，この循環論法のワナから抜け出すにはどうすればいいか？

A.2　$\sin' x = \cos x$ の証明

> **命題 A.1**
> $$\lim_{\theta \to 0} \frac{\sin \theta}{\theta} = 1$$

の証明を以下循環論法に陥らない方法で与えておく．
　$0 < \theta < \dfrac{\pi}{2}$ のとき

$$\sin \theta < \theta \leq \tan \theta \left(= \frac{\sin \theta}{\cos \theta} \right)$$

が示されれば

$$1 < \frac{\theta}{\sin \theta} \leq \frac{1}{\cos \theta}$$

となり，極限をとれば求める等式となる．左の不等式は自明であるから

$$\theta \leq \tan \theta$$

の証明に焦点を絞る．面積の議論を用いないように注意する．
　角度 θ の単位円弧 AB の長さ $L = \theta$ と AT の長さ L' を比較する．まず，
角 ABT が鈍角なので，AB < AT である．次に弧 AB 上に分点 X をとっ
たとき，AX の延長と OT の交点を B′ として，今と同じく，角 XBT が鈍
角，それにしたがって角 XB′T もやはり鈍角である．よって XB < XB′ お
よび AB′ < AT が導かれる．これから

$$AB < AX + XB < AX + XB' = AB' < AT$$

すなわち

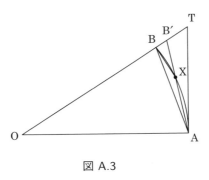

図 A.3

$$AX + XB < AT$$

である．この議論を繰り返すと，分点 $X_0 = A, X_1, \cdots, X_i, \cdots < X_n = B$ がとられても折れ線 $X_0 X_1 \cdots X_n$ の長さは $L' = AT$ より小さい．このような折れ線の長さの極限が弧 AB の長さだから，これは，弧 AB の長さが L' 以下であることを意味する． □

ここでの議論は，"鈍角三角形においては鈍角に対する辺が最大である"，ことを用いているだけであるが，円弧の長さの定義にまで遡るため考え方がやや煩瑣となる．それを避けて分かった気分になるために，高校の教科課程では安易な擬似証明法が採用されていると思われる．それをそのまま大学でのテキストでも採用しているのは問題ではないかと思う．

別章 B

複素一次変換を用いたデカルトの 4 円定理の証明，さらに田上観音堂の算額の問題

第 8 章で苦労してデカルトの 4 円定理を示したが，複素一次変換を用いると，より見通しの良い証明を与えることができる．まず，定理の簡明な定式化を与えておく．

B.1 デカルトの 4 円定理の定式化

定理 B.1 (1) 互いに外接する 4 円の半径を r_1, r_2, r_3, r_4 とすると

$$\left(\frac{1}{r_1} + \frac{1}{r_2} + \frac{1}{r_3} + \frac{1}{r_4}\right)^2 = 2\left(\frac{1}{r_1^2} + \frac{1}{r_2^2} + \frac{1}{r_3^2} + \frac{1}{r_4^2}\right) \quad \text{(B.1)}$$

が成り立つ．

(2) 半径がそれぞれ r_1, r_2, r_3 の 3 つの円が互いに外接し，この 3 円が半径 r_4 の円にそれぞれ内接しているとき

$$\left(\frac{1}{r_1} + \frac{1}{r_2} + \frac{1}{r_3} - \frac{1}{r_4}\right)^2 = 2\left(\frac{1}{r_1^2} + \frac{1}{r_2^2} + \frac{1}{r_3^2} + \frac{1}{r_4^2}\right) \quad \text{(B.2)}$$

が成り立つ．

(1) において $r_4 = 1$ とおいて分母を払って整式にした場合

$$-r_1{}^2 r_2{}^2 - r_1{}^2 r_3{}^2 - r_2{}^2 r_3{}^2 - r_1{}^2 r_2{}^2 r_3{}^2$$
$$+ 2 r_1 r_2 r_3 \left(r_1 + r_2 + r_1 r_2 + r_3 + r_1 r_3 + r_2 r_3\right) = 0$$

である．これは，定理 8.1 で $d = 1$ とおいたものと同じ式である ((2) の場合も同様)．そこで，これらの円たちは複素平面上に描かれていると考え，O_i を半径 r_i の円とする $(i = 1, 2, 3, 4)$．

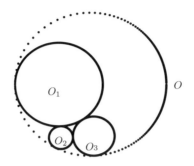

図 B.1　4 円定理 (2) の図

ここで図形全体の縮尺を考えれば $r_4 = 1$ と考えて，第 4 の円 $O = O_4$ は原点を中心とする複素平面上の単位円と考えても良い．

B.2　複素一次分数変換

一般的性質　複素平面 $\boldsymbol{C}$ は，各々の複素数 $\alpha = a + \sqrt{-1} = a + ib$ ($\sqrt{-1}$ を i で表す) を，実軸と虚軸を座標とする平面の点 (a, b) で表して得られる．このことによって，平面幾何の問題を複素数の性質によって論じることができるのである．

複素数 $\alpha = a + ib$ は絶対値 $r = |\alpha| = \sqrt{a^2 + b^2}$ と，原点から α に向かう半直線が実軸正の部分となす偏角 θ を用いて，極座標表示 $\alpha = r\cos\theta + ir\sin\theta = r \cdot e^{i\theta}$ でも表すことができる．α に対して $\overline{\alpha} = a - ib = re^{-i\theta}$ はその共役とよばれ，$|\alpha|^2 = \alpha\overline{\alpha}$ である．

$\alpha = a + ib, \alpha' = a' + ib' \in \boldsymbol{C}$ に対して，$\alpha + \alpha' = (a + a') + i(b + b')$ は平面ベクトルの和として現れる．積 $\alpha\alpha'$ は極座標表示 $\alpha = re^{i\theta}, \alpha' = r'e^{i\theta'}$ を用いれば $rr'e^{i(\theta + \theta')}$ で与えられる．

複素一次分数変換とは一般に

130 別章 B 複素一次変換を用いたデカルトの 4 円定理の証明，さらに田上観音堂の算額の問題

$$T : w = \frac{az + b}{cz + d} \quad a, b, c, d \in \mathbf{C}, ad - bc \neq 0$$

で与えられる複素球面 $\mathbf{P}^1 = \mathbf{C} \cup \{\infty\}$ から自分自身への 1:1 の写像である．
ここで，$T(\infty) = \dfrac{a}{c}$ また $T\left(-\dfrac{d}{c}\right) = \infty$ と定めている．

命題 B.1 1) 一次分数変換 T は複素平面上の円または直線を再び円または直線に写像する．

2) 一次分数変換 T は，一点 p で角度 α の接線を持つ 2 つの曲線を $T(p)$ において同じ角度を持つ曲線に写像する．

実際，後に見る一次分数変換 T_1 の場合，図 B.2 の左の線分 $L_0, \cdots, L_6$ は直角を 6 等分して交差しているが，右図に現れるその像 $g_0, \cdots, g_6$ は原点から発する円弧を描きながらも，それらの原点での接線は，これらの交差角度を保っているのである．

3) 複素 z-平面における円は

$$A z\overline{z} - \alpha z - \overline{\alpha} \overline{z} + B = 0, \quad A, B \in \mathbf{R}, \alpha \in \mathbf{C} \tag{B.3}$$

の形で表され，その半径は

$$r = \frac{1}{A}\sqrt{\alpha\overline{\alpha} - AB} \tag{B.4}$$

で与えられる．

4)

$$T_1 : w = i\frac{1 + z}{1 - z}, \; S_1 : z = \frac{w - i}{w + i} \tag{B.5}$$

とする．T_1 は z-平面の単位円 O を w-平面の実軸 $\mathbf{R}$ に写像し，S_1 はその逆写像である．

さらに，T_1 は $z = 1$ で単位円 O に接する円を実軸に平行な直線に写像する．

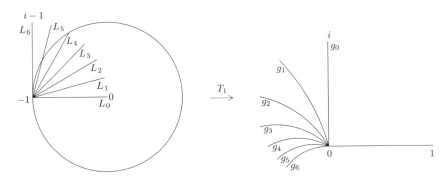

図 B.2　一次分数変換が角度を保つ様子

変換 T_1 の考察　われわれは，以下の議論で性質 (3) および，特別な一次変換 T_1 のみを用いるので，それについて詳しく見てみよう．

複素平面における，中心 λ 半径 r の円は $|z-\lambda|=r$ すなわち $(z-\lambda)(\bar{z}-\bar{\lambda})-r^2=0$ で与えられる．これを展開すれば

$$z\bar{z}-\bar{\lambda}z-\lambda\bar{z}+\lambda\bar{\lambda}-r^2=0 \tag{B.6}$$

である．これを (B.3) と比較すると $\lambda=\dfrac{\alpha}{A}, \lambda\bar{\lambda}-r^2=\dfrac{B}{A}$ ゆえ，(B.3) は，中心 $\lambda=\dfrac{\alpha}{A}$, 半径 $r=\dfrac{1}{A}\sqrt{\alpha\bar{\alpha}-AB}$ の円を表している．

(i) 定義式から T_1 は z 平面の実軸を w 平面の虚軸に写していることがわかる．とくに $T_1(\infty)=-i, T_1(1)=\infty, T_1(0)=i$ である．また，$w=i\dfrac{1+z}{1-z}$ を z について解くと $z=\dfrac{w-i}{w+i}$ ゆえ T_1 の逆変換が S_1 で与えられることがわかる．

(ii) z 平面の単位円 O の方程式 $|z|^2-1=0$ を S_1 を用いて w の方程式にすると，

$$|z|^2=\left|\dfrac{w-i}{w+i}\right|^2=\dfrac{(w-i)(\overline{w}+i)}{(w+i)(\overline{w}-i)}=1$$

したがって，$(w\overline{w}-i\overline{w}+iw+1)-(w\overline{w}+i\overline{w}-iw+1)=0$ となり，展開して

$$w - \overline{w} = 0$$

を得る．これは，O の変換 T_1 による像が実軸であることを示している．

(iii) z 平面の $z=1$ で O に内接する中心 λ (λ は実数) の円 O' は $|z-\lambda| = 1 - \lambda$ すなわち $(z-\lambda)(\overline{z}-\lambda) - (1 - 2\lambda + \lambda^2) = 0$ で表される．この式に $z = \dfrac{w-i}{w+i}$ を代入して整理すると $i(w-\overline{w})(1-\lambda) + 2\lambda = 0$ となり，これは $\mathrm{Im}(w) = \dfrac{\lambda}{1-\lambda}$ と書き換えられる．すなわち，O' の T_1 による像は w 平面の実軸と平行な直線に写像されている．

B.3 デカルトの 4 円定理の別証明

複素一次変換を用いれば以下のようにしてデカルトの 4 円定理を導くことができる．

[証明]

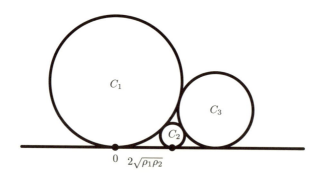

図 B.3　T_1 で変換された 4 円定理の図

図 B.3 のように実軸に接する円 C_1, C_2, C_3 を描き C_1 は原点で実軸に接するとする．これらの円の半径を ρ_1, ρ_2, ρ_3 とする．C_2 は C_1, C_3 に挟まれてこれらに外接するものとする．ピタゴラスの定理を用いて円 C_i および C_j が，実軸と接する 2 つの接点の距離 a_{ij} は $2\sqrt{\rho_i \rho_j}$ となることが分かる，ただし $1 \leq i < j \leq 3$．従って

$$\sqrt{\rho_1 \rho_3} = \sqrt{\rho_1 \rho_2} + \sqrt{\rho_2 \rho_3} \tag{B.7}$$

が示される．この図を一次変換 S_1 で写像すると，実軸は z 平面の単位円 O に，O と O_1 の接点 $z = -1$ は $w = 0$ と対応している．こうして，4 円定理の (1) の場合の図が得られ，図 B.3 は，図 B.1 を T_1 で変換したものであることが分かる $(T_1(O_i) = C_i \ (i = 1, 2, 3))$．

補題 B.1 $\quad a_i = \begin{cases} a_{1i} = \sqrt{\rho_1 \rho_i} \ (i = 2, 3) \\ 0 \quad (i = 1) \end{cases}$ とする．

$S_1(C_i) = O_i \ (i = 1, 2, 3)$ であり，また $S_1(\boldsymbol{R}) = O$ であった．このとき O_i の半径を ρ_i, C_i の半径を r_i とすれば

$$r_i = \frac{2\rho_i}{1 + a_i^2 + 2\rho_i}, \ \rho_i = \frac{(1 + a_i^2)r_i}{2(1 - r_i)}$$

である．

[補題の証明] 円 C_i は，中心 $a_i + \sqrt{-1}\rho_i$, 半径 ρ_i だから w 平面における方程式

$$(w - a_i - \sqrt{-1}\rho_i)(\overline{w} - a_i + \sqrt{-1}\rho_i) = \rho_i^2 \tag{B.8}$$

で与えられ，これに $w = T_1(z)$ を代入して $S_1(C_i) = O_i$ の方程式

$$(1 + a_i^2 - 2\rho_i) - (a_i + \sqrt{-1})^2 z$$
$$- (a_i - \sqrt{-1})^2 \overline{z} + (1 + a_i^2 + 2\rho_i)z\overline{z} = 0 \tag{B.9}$$

を得る．(B.4) において，$A = 1 + a_i^2 + 2\rho_i, B = 1 + a_i^2 - 2\rho_i, \alpha = a_i + \sqrt{-1}$ を代入して，r_i が定まる． 補題証明おわり

ここで $Q = (e_1 + e_2 + e_3 - 1)^2 - 2(e_1^2 + e_2^2 + e_3^2 + 1)$ とおき，$a_1 = 0, a_2 = 2\sqrt{\rho_1\rho_2}, a_3 = 2\sqrt{\rho_1\rho_3}$ に注意して，$e_i = 1/r_i = (1 + a_i^2 + 2\rho_i)/(2\rho_i)$ を代入する．このとき得られる分子は，(B.7) から得られる $(\rho_1\rho_3 - \rho_1\rho_2 - \rho_2\rho_3)^2 - 4\rho_1\rho_2^2\rho_3$ に一致し，$Q = 0$ を得る． □

B.4 塵劫記など

日本に於いても，奇しくも 17 世紀前半，すなわち江戸時代初期に，日本近世の和算が独自の歩みを開始している．江戸時代初期 1627 年に吉田光由が

「塵劫記」という書物を世に出した．これが日本における最初の系統的な数学書であり，かつ数学入門書の古典となった．彼は，(文献 [B.1] によれば) 京都の豪商角倉了以の外孫である．角倉了以は江戸時代，幕府認可の御朱印船貿易に関わって海外に活躍し，国内では琵琶湖疎水，高瀬川等水運事業の中心になった人物であった．事業を受け継いだ息子角倉素庵は，同時に俵屋宗達，本阿弥光悦等の芸術家との交わりも深かった．その交流の様子は辻邦生の小説「嵯峨野明月記」で窺うことができる．

「塵劫記」は度量衡，貨幣経済に関わる日常的な問題を扱いながら，数の数え方，比例，利息計算，級数，平方根，平面幾何，面積，体積等の理論を網羅した名著であった．さらに，さまざまな娯楽的問題を配し，巷間に広く流布し改訂版を重ねた．1641 年の改訂版では "遺題" という解答なしの１２題の問題を，専門の研究者に挑戦するように付け足した．これが和算家たちに大きな関心をよんだ．

この "遺題" を載せるという習慣が江戸時代の後継数学書に受け継がれ，日本独特の数学の発展につながった．

日本における難問とは基本的に平面幾何学的図形の形状を問う問題であり，デカルトとは別の立脚点に立ちながら，図形の問題を，連立多元高次方程式に帰着し，その方程式を解くことを要請している．したがってこの一般的レシピに従えば，連立した高次方程式から未知数を一つずつ終結式によって消去し，最後に一変数の高次方程式を近似的に解けばよい．こうして，日本の数学においては終結式の理論，高次方程式の数値解法，三角関数ないし逆三角関数の級数展開に相当する理論が発達したと考えられる．

しかし，日本に於いては，数学は森羅万象を説明するという普遍学としての位置を築いていなかったから，和算は，それなりに高度な展開を見せたが，単なる遊戯ないしは計算技術の学としてのマニアックな発展でとどまることになった．

B.5 算額

算額 (さんがく) とは額や絵馬に数学の問題や解法を記して，神社や仏閣に奉納したものである．平面図形に関する問題の算額が多い．数学者のみなら

ず，一般の数学愛好家も数多く奉納している．算額は数学の問題が解けたことを神仏に感謝し，益々勉学に励むことを祈願して奉納されたと言われる．やがて，人の集まる神社仏閣を数学の発表の場として，難問や問題だけを書いて解答を付けずに奉納するものも現れた．算額奉納の習慣は世界に例を見ず，日本独自の文化である．1997 年に行われた調査結果によると，日本全国に 975 面の算額が現存しているという（『例題で知る日本の数学と算額』森北出版，による）．これら現存する算額で最も古いものは栃木県佐野市にある星宮神社にあり，1657 年に掲げられたとされる．

深川英俊 Dan Pedoe 著の『日本の幾何』(森北出版) は，日本各地の算額を調査蒐集した労作である．以下では一例として，長野県信州中野市田上長福寺田上観音堂に掲額された問題を順次論じてみよう．なお，多くの算額は無住となった寺社にそのまま放置されて散逸しつつある．ここで考察する算額は 1809 年に掲額され，1997 年現在現存しているという．

B.6　田上観音堂の算額の問題と一次変換を用いた解法

以下の問題は文献 [B.3] 1.7.3 に紹介されている．

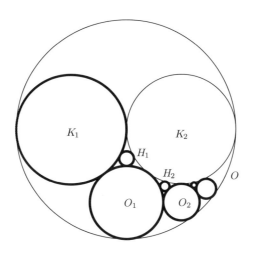

図 B.4

[上記田上観音堂の算額の問題]　図 B.4 のように大円に 2 つの等しい甲円 (K_1, K_2) が接している．2 つの甲円に外接し，大円に内接する円乙$_1$ (O_1) があり，以下順次乙$_2$ 以下が得られる．2 つの甲円および乙$_1$ に外接する円丙$_1$ (H_1) を描き，順次，丙$_2$，丙$_3$ を描く．n 番目の丙円の半径を求めよ．

[解答]　当時の日本の和算の知識を基盤とすると，この問題を解くのは非常に難しかったと思われるが，ここでは複素一次分数変換を用いた解を述べる．

与えられた図面の大円を原点中心の単位円とする．この図面全体が z 複素平面にあるものとし，変換 T_1 を行う．z 平面の円 K_1 以下 の像 $K_1' = T_1(K_1)$ 等は図 B.5 のようになる．

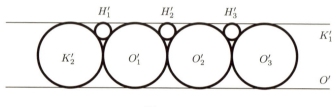

図 B.5

この図を見て，ピタゴラスの定理を用いた計算をすると $H_n' = T_1(H_n)$ の半径はすべて $\frac{1}{8}$ であることが分かる．従って，

$$H_n' : \left(w - \left(n - \frac{1}{2} + \frac{7i}{8}\right)\right)\left(\overline{w} - \left(n - \frac{1}{2} - \frac{7i}{8}\right)\right) - \frac{1}{64} = 0$$

を得る．これを T_1 の逆変換 S_1 を施して H_n の方程式を得る：

$$H_n : 1 - 4n + 4n^2 - 4(-i - (1-2i)n + n^2)z$$
$$- 4(i - (1+2i))n + n^2))\overline{z} + (15 - 4n + 4n^2)\, z\overline{z} = 0.$$

命題 B.1 3) を用いて H_n の半径 r_n を計算して，第 n 丙円の半径

$$r_n = \frac{1}{15 - 4n + 4n^2}.$$

を得る．

B.7 結語

なお，当時の和算の流行，人々の知的好奇心の高さなどが，冲方丁の小説『天地明察』に描写されている．以下は，私の勝手な根拠のない想像あるいは仮説です．

和算は関孝和 (1642 ? – 1708) によって大きく展開し，当時の西洋の水準を，ある点では凌ぐほどの域に達したとされる．和算の大流行は，関流の和算の確立，その後の発展および各地への伝播に伴って起きたと思われ，[B.3] を見ると，多くは 19 世紀初めに掲額されている．したがって，小説で算額の流行の様子が描かれ，それが関孝和の時代であったように設定されているが，時代的に少しずれているかもしれない．俳人松尾芭蕉 (1644 – 1694) は，関と同じ時代に活動している．芭蕉の教えを最もよく伝えていると言われる向井去来が 1702 – 1704 にかけて『去来抄』を著し，芭蕉一門の俳句，連句創作の現場の様子を伝えている．ここでも，江戸の市井の人々が俳句の創作に熱中し，町の師匠のところに弟子入りして指導を受けている有様が描かれ，それらと比較し，芭蕉周辺の俳句修行のレベルが遥かに高度であることを丁寧に論じている．これらのことを併せ考えると，18 世紀における江戸市民の知的水準は，日本の現在のそれを遠く凌駕していたのではないかと考えられる．今日，われわれは，日常においても，数学の世界においても，多くの便利なツールに囲まれているが，逆に，深い思索を通じて創作に至る，という風潮は廃れてしまったのではないかと怖れている．

文献 B

[B.1] 小倉金之助『日本の数学』，岩波新書．

[B.2] 向井去来 (穎原退蔵 [校訂])『去来抄，三冊子』，岩波文庫．

[B.3] 深川英俊 Dan Pedoe 『日本の幾何』，森北出版 (1991)．

[B.4] 冲方 丁『天地明察』，角川文庫 (2012)．

[B.5] 吉田光由 (大矢真一 [校注])『塵劫記』，岩波文庫 (1977)．

別章 C

フェルマーの無限降下法とレムニスケート等分公式

　本章では，18 世紀はじめに，イタリアの数学者ファニャーノによって発見されたレムニスケート曲線の等分公式を導く解析学の計算と，17 世紀半ばにフェルマーによって発見された $x^4 + y^2 = z^4$ を満たす整数解の非存在を示す，無限降下法という数論の計算手段が，実は同一のものであることを述べる．これは，ヴェイユ (André Weil) の 1974 年の講演録で一言触れられていたのを，筆者が手を動かして検証したものである．

　なお，本章の内容は 2013 年 3 月，私の日本での最後の定期講義として日大理工学部における数学科微積分学で述べたものを翻案しており，その時の話題も一部残して書かれている．

C.1　曲線の極座標表示

　定義 C.1　閉区間 $[a, b]$ で定義された変数 t の連続関数 $x(t), y(t)$ によって定まる写像

$$C : \begin{cases} x = x(t) \\ y = y(t) \end{cases}$$

のことを**連続曲線**という．

　$x(t), y(t)$ が微分可能のとき，C は微分可能な曲線という．

　$x(t), y(t)$ が C^1 級 (連続微分可能ともいう) のとき，C は**なめらかな曲線**という．

$x'(t) = y'(t) = 0$ となる $t \in [a,b]$ が一つもないとき C は正則曲線であるという.

$(x(a), y(a)) = (x(b), y(b))$ すなわち, 始点と終点が一致しているものを閉曲線という.

$t < t'$ かつ $t, t' \in (a, b]$ のとき $(x(t), y(t)) \neq (x(t'), y(t'))$, すなわち曲線が自分自身と交差しないとき, C は単純曲線であるという.

例 C.1 単位円 $x^2 + y^2 = 1$ は次の曲線で助変数表示される:

$$C : \begin{cases} x = \cos\theta \\ y = \sin\theta, \quad \theta \in [0, 2\pi] \end{cases}.$$

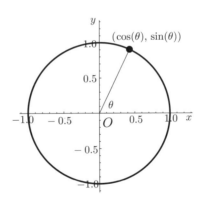

図 C.1　$C : x^2 + y^2 = 1$

C.2　極座標で表示された曲線

平面上の点 $P = (x,y)$ は $r = \sqrt{x^2 + y^2}$ および実軸の正の方向から見た線分 OP の角度 θ によって

$$P : \begin{cases} x = r\cos\theta \\ y = r\sin\theta \end{cases}$$

で表される．このときの組 (r,θ) を P の極座標表示という．

$$C : \begin{cases} x = r(\theta)\cos\theta \\ y = r(\theta)\sin\theta \end{cases} \quad (0 \leqq \theta \leqq 2\pi)$$

で表される曲線を単に

$$C : r = r(\theta)$$

と表記し，曲線 C の極座標表示あるいは極方程式という．

例 C.2 (カーディオイド (**Cardioid**))

$$C : r = 2(1 + \cos\theta)$$

(直交座標で表示すると $(x^2 + y^2 - 2x)^2 = 4(x^2 + y^2)$ となる．)

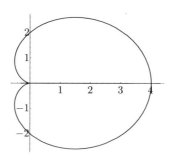

図 C.2　Cardioid $C : r = 2(1 + \cos\theta)$

曲線の極方程式による表示

$$C : r = r(\theta)$$

における r は曲線上の点と原点との距離を表し，助変数表示すると

$$C : \begin{cases} x = r(\theta)\cos\theta \\ y = r(\theta)\sin\theta \quad \text{ただし}, r(\theta) \geqq 0 \end{cases}$$

である．このときの r を曲線 C の動径とよぶ．

[私事] 数学者の暮らしを紹介する意味もあるので，自分のことを少し書きます．私はこの正月で 69 歳，今日が，日本で講義する最後です．これまで，研究者としては，日本の文化を意識しながら，ひとつながりの意味を持った研究を心がけ，講義においても，必要事項は織り込みながら，毎回の内容に意味やテーマを提示することを目指したつもりです．

今年は作曲家リヒャルト・ワーグナー生誕 200 年，彼の代表作は，中世ドイツ北欧神話に題材を取った四部作のオペラ「ニーベルングの指輪」です．全曲の上演には一週間を要し，毎年彼の作品上演だけを目的としたバイロイト歌劇場での音楽祭が開かれています．この連作の最後「神々のたそがれ」では，神々の世界の存続を託されていた，ただ一人の英雄ジークフリートの死によって，神々も滅んでゆくというテーマが完結し，新しい世界再生の予感が語られます．連作全体は "終わりの始まり" 物語となっているのです．

微積分学の最終回に lemniscate 曲線の等分公式を述べます．この公式の発見は，18 世紀の "計算する微積分学" から，より大きな法則性の記述，数学の現象全体を支配する構造性の解明，を目指す 19 世紀近代数学への展開点と見ることが出来ます．微積分学の "終わりの始まり" です．

私は，1 月下旬から，パキスタンの古都ラホールの数理大学院における一ヶ月余りの講義にでかけます．政情不安なこの国では，学問を志すことが場合によっては命がけの行為になったりします．ラホールは古代から近世まで幾度も，インド ー中央アジアの歴史と文化の中心的舞台となった町で，当地で数学を目指す学生たちと接することを楽しみにしています．講義題目は「代数曲線の幾何および数論」を選び，第 1 回は，Fagnano の lemniscate 等分公式を話します．

これが私の "終わりの始まり" 物語です．

http://www.youtube.com/watch?v=nkOiKy6sXfM

にジークフリートの葬送行進曲演奏の映像があります (すんごいです).

C.3 曲線の長さ

C^1 級曲線

142 別章 C フェルマーの無限降下法とレムニスケート等分公式

$$C : \begin{cases} x = x(t) \\ y = y(t), \quad t \in [a, b] \end{cases} \tag{C.1}$$

を考察する.

定義 C.2 (C.1) に対して, 区間 $[a, b]$ の分割 Δ を $\{t_0 = a, t_1, \cdots, t_n = b\}$ で定め, C 上の点 $P_i = (x(t_i), y(t_i))$ を順につないでできる折れ線の長さを L_Δ とする. 分割 Δ を細かくした折れ線の長さの極限

$$\lim_{|\Delta| \to 0} L_\Delta$$

を C の長さとよぶ.

定理 C.1 C^1 級曲線 (C.1) の長さ $L = L(C)$ は

$$L = \int_a^b \sqrt{x'(t)^2 + y'(t)^2} dt \tag{C.2}$$

で与えられる.

命題 C.1 極座標表示された曲線

$$C : r = f(\theta) \ (\alpha \leqq \theta \leqq \beta)$$

の長さは

$$L(C) = \int_\alpha^\beta \sqrt{f(\theta)^2 + f'(\theta)^2} d\theta$$

で与えられる.

例 C.3 単位円周上 $(1, 0)$ から $(\cos\theta, \sin\theta)$ に至る弧の長さ $\ell(\theta)$ を計算する:単位円周を極座標で表せば $r = 1$ であるから, 上の命題を用いるとき, ここでは $f(\theta) = 1$, また $f'(\theta) = 0$.

したがって

$$\ell(\theta) = \int_0^\theta \sqrt{1^2 + 0^2} d\theta = \int_0^\theta d\theta = \theta$$

となり, もともと分かっていた弧長 θ が確認される.

例 **C.4** 放物線 $y = x^2$ の $0 \leqq x \leqq 1$ の部分の長さを求めよ.

[解] この長さを L とすると $y'(x) = 2x$ ゆえ定理によって

$$L = \int_0^1 \sqrt{1^2 + (2x)^2} dx = 2 \int_0^1 \sqrt{\left(\frac{1}{2}\right)^2 + x^2} dx = (*)$$

不定積分の公式 $\int \sqrt{x^2 + A} dx = \frac{1}{2} x \sqrt{x^2 + A} + \frac{1}{2} A \log |x + \sqrt{x^2 + A}|$ を $A = 1/4$ として用いて,

$$(*) = 2 \left[\frac{1}{2} x \sqrt{x^2 + \frac{1}{4}} + \frac{1}{2} \cdot \frac{1}{4} \log \left| x + \sqrt{x^2 + \frac{1}{4}} \right| \right]_0^1$$
$$= \frac{\sqrt{5}}{2} + \frac{1}{4} \log \left(1 + \frac{\sqrt{5}}{2} \right) + \frac{1}{2} \log 2.$$

例 **C.5** 楕円 $x^2 + \frac{1}{2} y^2 = 1$ の第 1 象限の部分の長さ L を表す式を書き出せ.

[解] $y = \sqrt{2 - 2x^2}$ ゆえ, $y'(x) = \dfrac{-2x}{\sqrt{2 - 2x^2}}$ によって, 定理を適用すれば

$$L = \int_0^1 \sqrt{1^2 + (y'(x))^2} dx = \int_0^1 \frac{\sqrt{1 - x^4}}{1 - x^2} dx.$$

この積分内には x の 4 次式の平方根が現れている. 微積分の定積分計算練習でさまざまな変数変換を行うが, それらは, 結局有理関数すなわち分数関数の積分に帰着するものばかりである. ここに現れた平方根内に 4 次式を持つ被積分関数の場合は, 有理関数の積分には変換されず, 初等的な手段でこの定積分を計算することはできない.

このような積分は, 上記の由来によって楕円積分とよばれる. この積分内微分式は, $E : y^2 = 1 - x^4$ という方程式で表される曲線上の微分形式と見なされる. この理由から E のような曲線は楕円曲線とよばれる. したがって, 楕円曲線は楕円そのものではない.

このこと, すなわち楕円積分は計算できないこと, が 18 世紀の数学者たちを悩ませた. この問題に一筋の光明を投げかけたのが "レムニスケートの

等分公式"であった．以下，この公式を設問形式で述べる．

C.4 レムニスケート曲線とその等分公式

レムニスケート (Lemniscate) $C : \rho^2 = \cos 2\theta \ \left(-\dfrac{\pi}{4} \leqq \theta \leqq \dfrac{\pi}{4}\right)$ を考察する．

(1)

表 C.1　r, θ の対応表

θ	$-\dfrac{\pi}{4}$	$-\dfrac{\pi}{6}$	$-\dfrac{\pi}{8}$	$-\dfrac{\pi}{12}$	0	$\dfrac{\pi}{12}$	$\dfrac{\pi}{8}$	$\dfrac{\pi}{6}$	$\dfrac{\pi}{4}$
$r(\theta)$	0	$\dfrac{1}{2}$	$\dfrac{1}{\sqrt{2}}$	$\dfrac{\sqrt{3}}{2}$	1	$\dfrac{\sqrt{3}}{2}$	$\dfrac{1}{\sqrt{2}}$	$\dfrac{1}{2}$	0

表 C.1 を用いて C の概形を描け．

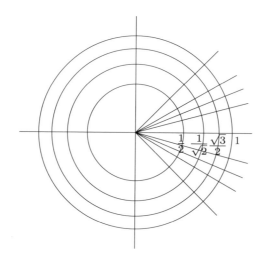

図 C.3　作図用図面

実際には図 C.4 が得られる：

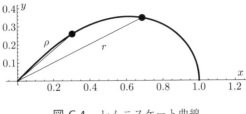

図 C.4　レムニスケート曲線

(2)　C 上の点 $(x,y) = (\rho\cos\theta, \rho\sin\theta)$ に対し，$(x^2+y^2)^2 - (x^2-y^2) = 0$ を導き

$$\begin{cases} x^2 + y^2 = \rho^2 \\ x^2 - y^2 = \rho^4 \end{cases}$$

を導け．

(3)　原点から動径 ρ に応じる点までの曲線上の長さを $s(\rho)$ とすると，公式によって

$$s(\rho) = \int_0^\rho \frac{d\rho}{\sqrt{1-\rho^4}}$$

となる．このことを示せ．

[解]　$\rho^2 = \cos 2\theta$ から $2\rho \dfrac{d\rho}{d\theta} = -2\sin 2\theta$ したがって

$$\rho'(\theta) = \frac{d\rho}{d\theta} = \frac{-\sin 2\theta}{\rho},\ d\theta = -\frac{\rho}{\sin 2\theta}d\rho = (*),$$

公式から $s(\rho) = \displaystyle\int_\theta^{\pi/4} \sqrt{\rho^2(\theta) + \rho'(\theta)^2}\,d\theta$ に注意して，

$$(*) = \sqrt{\rho^2 + \frac{\sin^2 2\theta}{\rho^2}}\,d\theta = \frac{1}{\rho}d\theta = -\frac{1}{\sin 2\theta}d\rho = -\frac{1}{\sqrt{1-\rho^4}}d\rho.$$

θ と ρ は増減が逆行しているから，求める式が得られる．

定理 C.2 (レムニスケート曲線の一般等分公式)　原点から動径 ρ の点ま

でのレムニスケート曲線の弧長を $s(\rho)$ とする. $r^2 = \dfrac{4\rho^2(1-\rho^4)}{(1+\rho^4)^2}$ が成り立つとき

$$s(r) = 2s(\rho) \tag{C.3}$$

となる.

これが 1718 年にイタリア人数学者ファニャーノ (Giulio Fagnano 1682 - 1766) によって発見された (彼は数学を楽しみで研究する貴族で, この結果も長い間公表せず, 数学者の世界に知られたのは 1750 年になってからだった) レムニスケートの一般等分公式である.

ここに現れた楕円積分 $s(\rho) = \displaystyle\int_0^\rho \dfrac{d\rho}{\sqrt{1-\rho^4}}$ の値は, 動径 ρ の関数として既知の関数では表示できないことが当時既に分かっていた. それにもかかわらず等分公式が現れることが, 背後に大きな法則性の存在を感じさせた. オイラーやアーベルによる Fagnano の公式の真の意味の解明は, 18 世紀前半の単なる微積分学の世界が, 近世の楕円関数論および代数幾何学へと飛躍する展開点を与えたのだった.

(C.3) を得る計算は以下の通り:

$$r = \frac{\sqrt{2}t}{\sqrt{1+t^4}} \text{ のとき } \int_0^r \frac{dr}{\sqrt{1-r^4}} = \sqrt{2}\int_0^t \frac{dt}{\sqrt{1+t^4}} \cdots \text{ (a)}$$

また,

$$t = \frac{\sqrt{2}\rho}{\sqrt{1-\rho^4}} \text{ のとき } \int_0^t \frac{dr}{\sqrt{1+t^4}} = \sqrt{2}\int_0^\rho \frac{d\rho}{\sqrt{1-\rho^4}} \cdots \text{ (b)}$$

実際, $r = \dfrac{\sqrt{2}t}{\sqrt{1+t^4}}$ から $dr = \sqrt{2}\dfrac{1-t^4}{1+t^4}\dfrac{1}{\sqrt{1+t^4}}dt$ および $\sqrt{1-r^4} = \dfrac{1-t^4}{1+t^4}$ が得られ $\dfrac{dr}{\sqrt{1-r^4}} = \dfrac{\sqrt{2}dt}{\sqrt{1+t^4}}$ となり (a) を得る. (b) も同様.

(a)(b) を合成すれば容易に, $r^2 = \dfrac{4\rho^2(1-\rho^4)}{(1+\rho^4)^2}$ のとき

$$\int_0^r \frac{dr}{\sqrt{1-r^4}} = 2\int_0^\rho \frac{d\rho}{\sqrt{1-\rho^4}}$$

が成り立つことが導かれる.

C.5 フェルマーの無限降下法と方程式 $X^4 + Y^2 = V^4$ の整数解

フェルマーは，一般フェルマー予想とは別に以下の問題を個別に考察し，その証明法 (フェルマーの無限降下法とよばれる) の概略も述べていた.

定理 C.3 方程式

$$X^4 + Y^2 = V^4 \tag{C.4}$$

は自然数の解 (X, Y, V) を持たない.

証明 背理法でこのことを示す. この方程式の自然数解 (X, Y, V) を仮定する. ユークリッド - テアイテートスの定理によって，

(1) p, q は偶奇が異なる，

(2) p, q は互いに素である.

(3) $p > q$ である.

を満たす p, q によって

$$\begin{cases} X^2 = 2pq & \text{(C.5)} \\ Y = q^2 - p^2 & \text{(C.6)} \\ V^2 = p^2 + q^2 & \text{(C.7)} \end{cases}$$

と表すことができる. ここで p が偶数であるとしておく. すると X は奇数になり得ない (C.5) を見て，$2p, q$ が共に平方数であることが分かる. そこで，ある自然数 a, b によって $q = a^2, p = 2b^2$ とできる. (C.7) から，$V > q \geq a$ である. (C.7) によって

$$V^2 = (2b^2)^2 + a^4. \tag{C.8}$$

再び ユークリッド - テアイテートスによって，ある互いに素な自然数 c, d によって

$$a^2 = d^2 - c^2 \tag{C.9}$$

$$2b^2 = 2cd \tag{C.10}$$

$$V = c^2 + d^2 \tag{C.11}$$

148 別章 C フェルマーの無限降下法とレムニスケート等分公式

と表せる．ここで $V > d$ に注意しておく．(C.10) を見て，ある自然数 A, B によって $c = A^2, d = B^2$ とおける．このとき $V > d > B$ である．これらを (C.9) に代入して

$$A^4 + a^2 = B^4$$

となる．こうして (C.4) の新しい解が作られた．構成法から $B_1 = B < V$ となる．こうして，この操作を無限回繰り返すことができる．その結果，減少する自然数の無限列 $\{B_n\}$ が現れる．これは矛盾である．したがって，当初の方程式に自然数解は存在しない． $\square$

注意 C.1 上記の証明を追うとフェルマーは，曲線 $w^2 = 1 - z^4$ 上の点 $(r, \sqrt{1 - r^4})$ から新しい点 $(z, w) = (\rho, \sqrt{1 - \rho^4})$ を構成していることが分かる．ここで

$$\rho = A/B,\ r = X/V$$

である．$A = \sqrt{c}, B = \sqrt{d}$ および $V = c^2 + d^2, X = \sqrt{2cd}$ であるから，容易な計算でこのとき $r = \dfrac{2\rho\sqrt{1 - \rho^4}}{1 + \rho^4}$ が成り立つことが導ける．これをファニャーノの計算と対応させると，フェルマーは動径 r のレムニスケート上の点からその等分点を構成する方法を述べているとも考えられる．

注意 C.2 上の事実は，さらに以下のような幾何学的解釈が可能である．楕円曲線 $E : w^2 = 1 - z^4$ を考えると対応する複素トーラスは $T = \boldsymbol{C}/(\boldsymbol{Z} + i\boldsymbol{Z})$ であり，実際の対応は

$$(z, \sqrt{1 - z^4}) \mapsto \frac{\displaystyle\int_0^z \frac{dz}{\sqrt{1 - z^4}}}{\displaystyle\int_0^1 \frac{dz}{\sqrt{1 - z^4}}} \in T$$

で定まる．E 上の $(r, \sqrt{1 - r^4})$ と $(\rho, \sqrt{1 - \rho^4})$ とはこのトーラス上に移すと丁度 2 倍点になっているのである．この 2 倍点は，複素数を用いれば $2 = (1 + i)(1 - i)$ であるから $1 + i$ 倍および $1 - i$ 倍の合成によって得られる．これを以下のように実行することができる．

まず $r = \dfrac{(1+i)t}{\sqrt{1-t^4}}$ とすると,

$$dr = \frac{(1+i)(1+t^4)}{\sqrt{1-t^4}(1-t^4)}dt$$

$$\sqrt{1-r^4} = \frac{1+t^4}{1-t^4}$$

となり，したがって

$$\int_0^r \frac{dr}{\sqrt{1-r^4}} = (1+i)\int_0^t \frac{dt}{\sqrt{1-t^4}}$$

が得られる．すなわち $(r, \sqrt{1-r^4})$ は $(t, \sqrt{1-t^4})$ の $1+i$ 倍点である．

次に，$t = \dfrac{(1-i)\rho}{\sqrt{1-\rho^4}}$ とおくと,

$$dt = \frac{(1-i)(1+\rho^4)}{\sqrt{1-\rho^4}(1-\rho^4)}d\rho$$

$$\sqrt{1-t^4} = \frac{1+\rho^4}{1-\rho^4}$$

となり，したがって

$$\int_0^t \frac{dt}{\sqrt{1-t^4}} = (1-i)\int_0^\rho \frac{d\rho}{\sqrt{1-\rho^4}}$$

を得る．すなわち $(t, \sqrt{1-t^4})$ は $(\rho, \sqrt{1-\rho^4})$ の $1-i$ 倍点である．これ を合成して $(\rho, \sqrt{1-\rho^4})$ の 2 倍点 $(r, \sqrt{1-r^4})$ が得られる．

つまり，ファニャーノはフェルマーが数論的に行っていた操作を，全く別 の観点から解析的に再発見していたと言うことができる．

C.6　合同数の観点から

有理数を 3 辺とする直角三角形の面積になる自然数を 合同数 という．定 理 C.3 は以下の定理と同値であることが分かる．

定理 C.4　1 は合同数ではない，すなわち面積 1 の有理数辺直角三角形 は存在しない．

150 別章 C フェルマーの無限降下法とレムニスケート等分公式

上の主張は合同数方程式に帰着させて，以下の定理に置き換えられる：

定理 C.5

$$u^2 = s^3 - s$$

は非自明な $(u \neq 0)$ 有理数解 (s, u) を持たない．

この言い換えは以下のようにして得られる．自然数 n が合同数であることは連立方程式

$$\begin{cases} A^2 + B^2 = C^2 \\ AB = 2n \end{cases}$$

が有理数解 $(A, B, C) = (s, t, u)$ を持つことと同値である．すると，ユークリッド - テアイテートスの定理 (定理 2.1) を用いて

$$A/C = \frac{1 - t^2}{1 + t^2}, \; B/C = \frac{2t}{1 + t^2}$$

とおくことができる．ここで t は適当な有理数である．これを第 2 式に代入して $\left(\dfrac{1 - t^2}{1 + t^2}\right) \dfrac{t}{1 + t^2} C^2 = n$ すなわち

$$t(1 - t^2) = n \left(\frac{1 + t^2}{C}\right)^2$$

となる．ここで $s = -nt, u = \dfrac{(n^2(1 + t^2))}{C}$ とおいて

$$u^2 = s^3 - n^2 s \tag{C.12}$$

を得る．すなわち n が合同数であることは (C.12) が $u \neq 0$ である有理数解を持つことと同値である．

定理 C.3 と定理 C.5 が同値であることの証明

定理 C.3 $\implies$ 定理 C.5)

方程式

$$y^2 = 1 - x^4 \tag{C.13}$$

を考える. (C.13) において

$$x = \frac{x_1 - 2}{x_1 + 2}, \ y = \frac{4y_1}{(2 + x_1)^2} \tag{C.14}$$

とおくと,

$$y_1^2 = x_1^3 + 4x_1 \tag{C.15}$$

が得られるので, (C.13) と (C.15) の有理数解どうしが変換 (C.14) で対応している. つぎに

$$x_1 = \frac{v^2}{u^2}, \ y_1 = \frac{-v(1 + u^2)}{u^2} \tag{C.16}$$

とおくと u, v の方程式

$$v^2 = u^3 - u \tag{C.17}$$

が得られるので, (C.17) に $v \neq 0$ という有理数解があれば変換 (C.16) によってそれは (C.15) の有理数解にもちこまれて Fermat の結果に反することになる.

定理 C.5 $\Longrightarrow$ 定理 C.3)

(C.17) において

$$u = \frac{y_1^2}{4x_1^2}, \ v = \frac{y_1(4 - x_1^2)}{8x_1^2} \tag{C.18}$$

とおくと

$$y_1^2 = x_1^3 + 4x_1.$$

もし (C.15) に非自明な解があれば, (C.18) によって (C.17) の有理数解が現れる. それは定理 C.5 に反する. $\qquad\square$

文献 C

[C.1] C.L.Siegel, Topics in complex function theory I (冒頭), Wiley (1969).

[C.2] A. Weil, Two lectures on number theory, Enseign. Math. XX (1974), 247–263.

[C.3] シャーラウ, オポルカ (志賀弘典 [訳]) 『フェルマーの系譜』 (第 2 章), 日本評論社 (1994).

索引

●数字・記号

2 進法　　75
2 進無限小数展開　　117, 118
4 次対称群　　40, 41
4 元素説　　17, 26
4 文字の置換　　41

●アルファベット

n 次交代群　　74
n 次対称群　　56, 74
n 文字の置換　　56
RSA 暗号系　　115

●ア行

アカデメイア　　19
アミダくじ　　42
アルキメデス　　24
アレクサンドリア　　23
アレクサンドロス大王　　18, 23
暗号化　　81
暗号システム　　81
　RSA 暗号系　　88
　公開鍵—　　82
　シーザーの—　　81
イデア説　　20
因数分解　　85
円錐曲線　　101
円錐曲線の標準化定理　　104
オイラーの等式　　34, 45
オイラー標数　　35, 45

黄金比　　6

●カ行

キー　　81
奇置換　　58
奇頂点　　50
既約剰余類　　85
逆置換　　57
共役　　129
極座標表示　　140
曲線 C の動径　　140
曲線の長さ　　141
去来抄　　137
偶置換　　58
偶頂点　　50
グラフ　　48
ケプラー　　25
原論 (ストイケイア)　　23
公開鍵　　82
交代群　　74
合同 (n を法としての)　　71
合同数　　149
恒等置換　　56
互換　　43, 58
コペルニクス　　25

●サ行

算額　　134
巡回置換　　58
塵劫記　　134

スウェーデン女王クリスチーナ　　97

角倉了以　　134

正4面体群　　37

正多面体　　35

絶対値　　129

●タ行

ターレス　　4

(代数曲線に関する) アーベルの定理
　　114

楕円曲線　　110, 143

楕円曲線暗号　　88, 115

楕円積分　　143

多面体　　34

置換 σ の符号数　　59

置換群　　74

中国式剰余定理　　77

テアイテートス　　21, 23, 35

テアイテートス - ユークリッド
　　21, 35

ディオゲネス (樽の中の)　　18

ディオファントス　　25

デカルト　　90, 99

デカルトの4円定理　　128

デカルトの4円定理　　96

転位　　59, 72

転位数　　59, 72

凸多面体　　34

●ナ行

なめらかな曲線　　138

●ハ行

バイト　　116

パスカル　　99

パスカルの円錐曲線定理　　102, 108

パスカルの定理の拡張形　　107, 113

パンセ　　99

ピタゴラス　　4, 17, 20, 25, 26, 42, 71

ピタゴラス教団　　5

ピタゴラス数　　1, 2, 6, 9

ピタゴラスの音階　　6, 11

ピタゴラスの定理　　6, 10, 23

ピタゴラス派　　6

ビット　　116

ファニャーノ　　146

ファルツ選帝侯の王女エリーザベト　　90

フェルマー　　25, 100

復号　　81

複素一次分数変換　　129

複素平面　　129

プトレマイオス I 世　　23

プラトン　　5, 19, 25

プロクロス　　23

平面グラフ　　48

偏角　　129

●マ行

無限遠点　　111

メガバイト　　116

メルセンヌ神父　　91

●ラ行

ユークリッド　　21, 23, 35, 76

ユークリッド - テアイテートスの定理
　　147, 150

●ヤ行

吉田光由　　133

●ラ行

リンド・パピルス　　1, 2

レムニスケート曲線　　144

レムニスケート曲線の一般等分公式　　145

連続曲線　　138

志賀 弘典 (しが・ひろのり)

略歴

  1944年　埼玉県に生まれる.

  1968年　東京大学理学部数学科を卒業.

  1984年　理学博士(名古屋大学).

  現　　在　千葉大学名誉教授

主な著訳書に

  シャーラウ・オポルカ『フェルマーの系譜 – 数論における
    着想の歴史』(日本評論社)

  『数学おもちゃ箱』(日本評論社)

  『15週で学ぶ複素関数論 改訂版』(数学書房)

  『数学語圏』(数学書房)

  『保型関数 – 古典理論とその現代的応用』(共立出版)

数学の視界 改訂版

2008 年 9 月 20 日　第 1 版第 1 刷発行
2018 年 2 月 10 日　改訂版第 1 刷発行

著　者　　志　賀　弘　典

発行者　　横　山　　伸

発　行　　有限会社 数　学　書　房

      〒101-0051 東京都千代田区神田神保町 1-32-2

      TEL : 03-5281-1777

      FAX : 03-5281-1778

      mathmath@sugakushobo.co.jp

      振替口座　00100-0-372475

印　刷
製　本　　モリモト印刷

イラスト　菅谷直子

組　版　　永石晶子

装　幀　　岩崎寿文

ⓒ Hironori Shiga 2018　　Printed in Japan

ISBN 978-4-903342-86-3

数学書房

数学語圏 数学の言葉から創作の階梯へ
志賀弘典 著
数学用語,たとえば「自明」という言葉,が広く深い「数学語圏」を開示する.
パスカルに始まって日本的情緒に至る創作者の長い階梯が展開される.人文・芸術系の数学.
四六判／2300円＋税／978-4-903342-08-5

15週で学ぶ複素関数論〈改訂版〉
志賀弘典 著
理工系学生の1セメスター用の教科書.1回ずつの講義に見合う内容を各回読み切りの形で記述.
A5判／2300円＋税／978-4-903342-03-0

数理と社会〈増補第2版〉身近な数学でリフレッシュ
河添 健 著
各種数理モデルを理解する知識が身につくことをめざす.
増補版以降のメルセンヌ素数の発見,地震の発生など時代に併せて加筆した.
四六判／1900円＋税／978-4-903342-82-5

多面体〈新装版〉
P.R.クロムウェル 著　下川航也・平澤美可三・松本三郎・丸本嘉彦・村上 斉／訳
楽しく・深く・おもしろい.ロマンあふれる多面体ワールドへ.
B5変型判／4500円＋税／978-4-903342-78-8

ガロアに出会う はじめてのガロア理論
のんびり数学研究会 著
19世紀に,天才数学者エヴァリスト・ガロア(1811-1832)は方程式と数に関する理論を書き遺した…
A5判／2200円＋税／978-4-903342-74-0

この数学書がおもしろい〈増補新版〉
数学書房編集部 編
数学者・物理学者など51名が,お薦めの書,思い出の一冊を紹介.
A5判／2000円＋税／978-4-903342-64-1

この定理が美しい
数学書房編集部 編
「数学は美しい」と感じたことがありますか?
数学者の目に映る美しい定理とはなにか? 熱き思いを20名が語る.
A5判／2300円＋税／978-4-903342-10-8

この数学者に出会えてよかった
数学書房編集部 編
A5判／2200円＋税／978-4-903342-65-8
16人の数学者が,人との出会いの不思議さ・大切さを自由に語る.